普通高等教育"十四五"系列教材·公共课系列

大学计算机基础
实践教程（第二版）

主编 ◎ 龚芳　代崴　罗剑

华中科技大学出版社
http://www.hustp.com
中国·武汉

内 容 提 要

本书是《大学计算机基础（第二版）》教材的同步辅导书，由 8 章组成（第 1～6 章和第 8 章分别对应《大学计算机基础（第二版）》的第 1～6 章和第 8 章，第 7 章对应《大学计算机基础》第一版的第 7 章，供开设多媒体实训课程的学生使用），包括计算机基础知识、Windows 7、Word 2010 文字处理、Excel 2010 电子表格处理、PowerPoint 2010 制作演示文稿、计算机网络基础及应用、多媒体技术基础和 Access 2010 等内容。每章介绍的内容大致包括本章主要内容、习题解答、实验指导等几个部分，全面地对学习内容进行辅导和指导。

本书可作为大专院校各层次非计算机专业学生的辅助教材，也可以作为相应层次的成人教育、职业教育的辅助教材，亦可供计算机知识学习者、爱好者或 IT 行业工程技术人员等学习参考。对于从事计算机学科教育的教师，本书也是一本很好的参考书。

图书在版编目(CIP)数据

大学计算机基础实践教程/龚芳,代崴,罗剑主编.—2 版.—武汉：华中科技大学出版社,2020.9
ISBN 978-7-5680-6578-8

Ⅰ.①大…　Ⅱ.①龚…　②代…　③罗…　Ⅲ.①电子计算机-高等学校-教材　Ⅳ.①TP3

中国版本图书馆 CIP 数据核字(2020)第 163524 号

大学计算机基础实践教程(第二版)　　　　　　　　　　　　龚芳　代崴　罗剑　主编
Daxue Jisuanji Jichu Shijian Jiaocheng(Di-er Ban)

策划编辑：聂亚文
责任编辑：史永霞
封面设计：孢　子
责任监印：朱　玢
出版发行：华中科技大学出版社(中国·武汉)　　　电话：(027)81321913
　　　　　武汉市东湖新技术开发区华工科技园　　　邮编：430223
录　　排：华中科技大学惠友文印中心
印　　刷：湖北新华印务有限公司
开　　本：787mm×1092mm　1/16
印　　张：9.5
字　　数：249 千字
版　　次：2020 年 9 月第 2 版第 1 次印刷
定　　价：30.00 元

本书若有印装质量问题,请向出版社营销中心调换
全国免费服务热线：400-6679-118　竭诚为您服务
版权所有　侵权必究

前　言

　　本书是《大学计算机基础(第二版)》的同步辅导书,在结构上与主教材保持一致,由 8 章组成(第 1~6 章和第 8 章分别对应《大学计算机基础(第二版)》)的第 1~6 章和第 8 章,第 7 章对应《大学计算机基础》第一版的第 7 章,供开设多媒体实训课程的学生使用),包括计算机基础知识、Windows 7、Word 2010 文字处理、Excel 2010 电子表格处理、PowerPoint 2010 制作演示文稿、计算机网络基础及应用、多媒体技术基础和 Access 2010 等内容。每章在内容上与主教材基本一致,包括每章的主要内容、习题解答、实验指导等部分,有效地对教材内容进行补充。

　　"大学计算机基础"是一门实践性很强的课程,要求学生不仅掌握计算机的基础知识与理论,而且在计算机的操作上要达到一定的熟练程度,能够运用计算机解决日常工作中的问题,主要是办公事务的处理。按照教学大纲的要求,为了加强实验教学,提高学生的实际动手能力,我们编写了这本《大学计算机基础实践教程(第二版)》,力求内容新颖、概念准确、通俗易懂、实用性强,在风格上与主教材完全统一。

　　本书也注意到高职高专计算机信息技术教材的特点,在编写过程中体现了这一方面的要求,尽力使得教学体系更加完备,有利于提高学生的实际动手能力。

　　由于水平所限,书中错误和不足之处在所难免,恳请读者提出宝贵意见。最后,由衷地感谢那些支持和帮助我们的所有朋友们! 谢谢你们使用和关心本书,并预祝你们教学或学习成功!

编　者

目 录

第1章 计算机基础知识

1.1 本章主要内容

本章内容为计算机文化基础知识,主要对计算机的发展、特点、应用和分类做了简单的概述,并重点介绍了从 1946 年第一台电子数字积分计算机 ENIAC 诞生起,至今已有 70 多年的历史,已经经历了四代。

本章还介绍计算机中的信息表示方法,包括数字的表示方法、数值的表示方法、字符的表示方法、声音的表示方法和图形图像的表示方法等。计算机采用二进制,这就涉及二进制编码问题。

本章最后介绍计算机系统。一个完整的计算机系统是由硬件系统和软件系统两大部分组成的。硬件(hardware)也称硬设备,是计算机系统的物质基础。软件(software),从广义上来说,是计算机中运行的所有程序以及各种文档资料的总称。硬件和软件相结合才能充分发挥电子计算机的系统功能,两者缺一不可。

1.2 习题解答

1. 问答题

(1) 简述计算机的发展历程。

世界上第一台电子计算机,于 1946 年 2 月在美国宾夕法尼亚大学诞生,取名为 ENIAC (electronic numerical integrator and calculator),它是一台电子数字积分计算机。

电子计算机的发展阶段通常以构成计算机的电子器件来划分,至今已经历了电子管、晶体管、中小规模集成电路,以及大规模集成电路和超大规模集成电路 4 个阶段。目前正在向第五代过渡,每一个发展阶段在技术上都是一次新的突破,在性能上都是一次质的飞跃。

第一代计算机(1946—1957)是电子管计算机时代。在此期间,计算机采用电子管作为物理器件,以磁鼓、小磁芯作为存储器,存储空间有限,输入输出用读卡机和纸带机,主要用于机器语言编写程序进行科学计算,运算速度一般为每秒一千次到一万次运算。这一阶段计算机的特点是体积庞大、耗能多,操作指令是为特定任务而编制的,每种机器有各自不同的机器语言,功能受到限制,稳定性差,维护困难。

第二代计算机(1958—1964)是晶体管计算机时代。此时,计算机采用晶体管作为主要元件,体积、重量、能耗大大缩小,可靠性增强。计算机的速度已提高到每秒几万次到几十万次运算,普遍采用磁芯作为内存储器,磁盘、磁带作为外存储器,存储容量大大提高,提出了操作系统的概念,开始出现了汇编语言,产生了如 FORTRAN 和 COBOL 等高级程序设计语言和批处理系统。计算机的应用领域扩大,除科学计算外,还用于数据处理和实时过程控

— 1 —

制等。

第三代计算机(1965—1971)中小规模集成电路计算机时代。20世纪60年代中期,随着半导体工艺的发展,已制造出了集成电路元件。集成电路可以在几平方毫米的单晶硅片上集成十几个甚至上百个电子元件。计算机采用中小规模的集成电路元件,体积进一步缩小,寿命更长。普遍采用半导体存储器,存储容量进一步提高,计算机速度加快,每秒可达几百万次运算。高级语言进一步发展,操作系统的出现使计算机功能更强,计算机开始广泛应用在各个领域,并开始与通信网络联机,实现远距离通信。

第四代计算机(1972年至今)大规模集成电路和超大规模集成电路计算机时代。第四代计算机是以大规模和超大规模集成电路作为物理器件的,体积与第三代相比进一步缩小,可靠性更好,寿命更长。计算速度加快,每秒几千万次到几千亿次运算。软件配置丰富,软件系统工程化、理论化,程序设计实现部分自动化。微型计算机大量进入家庭,产品的更新速度加快。计算机在办公自动化、数据库管理、图像处理、语言识别等社会生活的各个领域大显身手,计算机的发展进入了以计算机网络为特征的时代。

新一代计算机正处在设想和研制阶段。新一代计算机是把信息采集、存储处理、通信和人工智能结合在一起的计算机系统。也就是说,新一代计算机由以处理数据信息为主,转向以处理知识信息为主,如获取、表达、存储及应用知识等,并有推理、联想和学习等人工智能方面的能力(如理解能力、适应能力、思维能力等),能帮助人类开拓未知的领域和获取新的知识。

(2) 计算机的特点是什么?

电子计算机和过去的计算工具相比具有以下几个主要特点。

① 运算速度快。

计算机的运算速度通常是指每秒钟所执行的指令条数。计算机最显著的特点就是运算速度快,现在的计算机已经达到每秒钟运行百亿次、千亿次,甚至万亿次。计算机的高速运算能力,为完成那些计算量大、时间性要求高的工作提供了保证。例如天气预报、大地测量中高阶线性代数方程的求解,导弹或其他发射装置运行参数的计算,情报、人口普查等超大量数据的检索处理等。

② 计算精度高。

计算机具有其他计算工具无法比拟的计算精度,一般可达几十位、几百位甚至更高的有效数字精度。计算机的计算高精度使它广泛应用于航天航空、核物理等方面的数值计算中。

③ 数据存储容量大。

存储容量表示存储设备可以保存多少信息,随着微电子技术的发展,计算机的存储容量越来越大,能够存储大量的数据和资料,而且可以长期保留,还能根据需要随时存取、删除和修改其中的数据。

④ 可靠性高。

随着计算机硬件技术的发展,现代电子计算机连续无故障运行的时间可达几万、几十万小时,具有极高的可靠性,因硬件引起的错误越来越少。

⑤ 具有逻辑判断能力。

计算机在执行过程中,会根据上一次执行结果,运用逻辑判断方法自动确定下一步的执行命令。计算机正因为具有这种逻辑判断能力,才使得它不仅能解决数值计算问题,而且能解决非数值计算问题,如信息检索和图像识别等。

（3）计算机可以如何分类？

计算机种类繁多，从不同的角度、按不同的标准，对计算机有不同的分类。

① 根据计算机处理数据的类型划分，可将计算机划分为数字计算机和模拟计算机。

② 根据计算机的用途划分，可将计算机划分为通用计算机和专用计算机。

③ 根据计算机的规模和性能划分，计算机可以分为巨型机、大型机、小型机、服务器、工作站和微型机，这也是比较常见的一种分类方法。

（4）计算机未来的发展趋势是什么？

目前，科学家们正在使计算机朝着巨型化、微型化、网络化、智能化和多功能化的方向发展。巨型机的研制、开发和利用，代表着一个国家的经济实力和科学水平；微型机的研制、开发和广泛应用，则标志着一个国家科学普及的程度。

① 向巨型化和微型化两极方向发展。

② 智能化是未来计算机发展的总趋势。

③ 非冯·诺依曼体系结构是提高现代计算机性能的另一个研究焦点。

④ 多媒体计算机仍然是计算机研究的热点。

⑤ 网络化是今后计算机应用的主流。

（5）计算机主要应用在哪些方面？

最初发明计算机是为了进行数值计算，但随着人类进入信息社会，计算机的功能已经远远超出了"计算的机器"这一狭义的概念。如今，计算机的应用已渗透到社会的各个领域，诸如科学与工程计算、信息处理、计算机辅助设计与制造、人工智能、电子商务等。

2. 填空题

（1）1KB 表示_____字节。

→1024

（2）1MB 表示_____字节。

→1024×1024

（3）十进制的整数转换成二进制整数用_____。

→除 2 取余逆排

（4）十进制小数的小数部分转换成二进制小数用_____。

→乘 2 进位顺排

（5）八进制数转换为二进制数时，一位八进制数对应转换为_____位二进制数。

→三

（6）二进制数转换为八进制数时，三位二进制数对应转换为_____位八进制数。

→一

（7）十六进制数 28 的二进制数为_____。

→101000

（8）二进制数 10111001 的十进制数为_____。

→185

（9）字符编码叫_____码，意为美国标准信息交换码。

→ASCII

（10）每个 ASCII 占_____个字节。

→1

3. 计算题(要求写出计算步骤)

(1) 将十进制整数 45 转换为二进制数。

$$(45)_{10} = (101101)_2$$

(2) 将二进制数 10001100.101 转换为十进制数。

$$1 \times 2^7 + 0 \times 2^6 + 0 \times 2^5 + 0 \times 2^4 + 1 \times 2^3 + 1 \times 2^2 + 0 \times 2^1 + 0 \times 2^0 + 1 \times 2^{-1}$$
$$+ 0 \times 2^{-2} + 1 \times 2^{-3} = 128 + 0 + 0 + 0 + 8 + 4 + 0 + 0 + 0.5 + 0 + 0.125$$
$$= 140.625$$

所以 $$(10001100.101)_2 = (140.625)_{10}$$

4. 单项选择题

(1) 计算机的存储器记忆信息的最小单位是(　　)。

    A. bit　　　　　　B. Byte　　　　　　C. KB　　　　　　D. ASCII

A

(2) 一个 bit 是由(　　)个二进制位组成的。

    A. 8　　　　　　B. 2　　　　　　C. 7　　　　　　D. 1

D

(3) 计算机系统中存储数据信息是以(　　)作为存储单位的。

    A. 字节　　　　　　B. 16 个二进制位　　　C. 字符　　　　　　D. 字

A

(4) 在计算机中,一个字节存放的最大二进制数是(　　)。

    A. 011111111　　B. 11111111　　　　C. 255　　　　　　D. 1111111

B

(5) 32 位计算机的一个字节是由(　　)个二进制位组成的。

    A. 7　　　　　　B. 8　　　　　　C. 32　　　　　　D. 16

B

(6) 微型计算机的主要硬件设备有(　　)。

    A. 主机、打印机　　　　　　　　　B. 中央处理器、存储器、I/O 设备

    C. CPU、存储器　　　　　　　　　D. 硬件、软件

B

(7) 在微型计算机硬件中,访问速度最快的设备是(　　)。

    A. 寄存器　　　　B. RAM　　　　　C. 软盘　　　　　D. 硬盘

A

(8) 计算机的内存与外存比较,(　　)。

    A. 内存比外存的容量小,但存取速度快,价格便宜

    B. 内存比外存的存取速度慢,价格昂贵,所以没有外存的容量大

    C. 内存比外存的容量小,但存取速度快,价格昂贵

    D. 内存比外存的容量大,但存取速度慢,价格昂贵

C

(9) 操作系统是一种(　　)。

    A. 应用程序　　　　　　　　　　　B. 系统软件

    C. 信息管理软件包　　　　　　　　D. 计算机语言

B

(10) 操作系统的作用是(　　)。

    A. 软件与硬件的接口

    B. 把键盘输入的内容转换成机器语言

    C. 进行输入与输出转换

    D. 控制和管理系统的所有资源的使用

D

5. 多项选择题

(1) 下面的数中,合法的十进制数有(　　)。

    A. 1023　　　　　　B. 111.11　　　　　　C. A120

    D. 777　　　　　　　E. 123.A　　　　　　F. 10111

ABDF

(2) 下面的数中,合法的八进制数有(　　)。

    A. 1023　　　　　　B. 111.11　　　　　　C. A120

    D. 777　　　　　　　E. 123.A　　　　　　F. 10111

ABDF

(3) 下面的数中,合法的十六进制数有(　　)。

    A. 1023　　　　　　B. 111.11　　　　　　C. A120

    D. 777　　　　　　　E. 123.A　　　　　　F. 10111

ABCDEF

6. 名词解释

(1) 裸机:没有软件而只有硬件的计算机是"裸机"。

(2) 硬件:计算机中各种看得见、摸得着的实实在在的装置,是计算机系统的物质基础。

(3) 软件:在硬件上运行的程序及相关的数据、文档,是发挥硬件功能的关键。

(4) 冯·诺依曼原理:存储程序和程序控制原理。

(5) 程序:为解决某一问题而编写在一起的指令序列以及与之相关的数据。

(6) 应用软件:适用于应用领域的各种应用程序及其文档资料,是各领域为解决各种不同的问题而编写的软件,在大多数情况下,应用软件是针对某一特定任务而编制成的程序。

7. 简答题

(1) 简述控制器的功能。

控制器的功能是控制、指挥计算机各部件的工作,并对输入输出设备进行监控,使计算机自动地执行程序。计算机在工作时,控制器首先从内存储器中按顺序取出一条指令,并对

— 5 —

该指令进行译码分析,根据指令的功能向相关部件发出操作命令,使这些部件执行该命令所规定的任务,执行之后再取出第二条指令进行分析执行。如此反复,直到所有指令都执行完成。

(2) 如何衡量存储器的性能?

存储器的性能可以从以下两个方面来衡量。

一是存储容量,即存储器所能容纳的二进制信息量的总和。存储容量的大小决定了计算机能存放信息的多少,对计算机执行程序的速度有较大的影响。

二是存取周期,即计算机从存储器读出数据或写入数据所需要的时间。它表明了存储器存取速度的快慢。存取周期越短,速度越快,计算机的整体性能就越高。

1.3 实 验 指 导

实验 1 键盘操作

一、实验目的

(1) 熟悉键盘的基本操作及键位。

(2) 熟练掌握英文大小写、数字、标点的用法及输入。

二、实验内容

1. 认识键盘

键盘上键位的排列按用途可分为字符键区、功能键区、编辑键区、辅助键区和状态指示区,如图 1-1 所示。

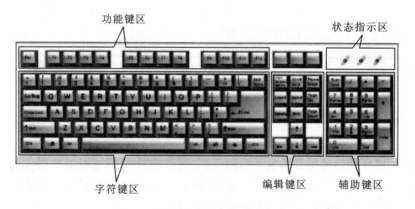

图 1-1 键盘的分布

字符键区是键盘操作的主要区域,包括 26 个英文字母、0~9 共 10 个数字、运算符号、标点符号、控制键等。

字母键共 26 个,按英文打字机字母顺序排列,在字符键区的中央区域。一般地,计算机开机后,默认的英文字母输入为小写字母。如需输入大写字母,可按住上档键 ⇧Shift 的同时按相应字母键,或按下大写字母锁定键 Caps Lock,状态指示区对应的指示灯亮,表明键盘处于大写字母锁定状态,按字母键可输入大写字母。再次按下 Caps Lock 键,状态指示对应的指示灯灭,重新转入小写输入状态。

常用键的作用如表 1-1 所列。

表 1-1　常用键的作用

按　键	名　称	作　用
Space	空格键	按一下产生一个空格
Backspace	退格键	删除光标左边的字符
Shift	换档键	同时按下 Shift 键和具有上下档字符的键,上档符起作用
Ctrl	控制键	与其他键组合成特殊的控制键
Alt	控制键	与其他键组合成特殊的控制键
Tab	制表定位	按一次,光标向右跳 8 个字符的位置
Caps Lock	大小写转换键	Caps Lock 灯亮为大写状态,否则为小写状态
Enter	回车键	命令确认,且光标转到下一行
Ins(Insert)	插入覆盖转换	插入状态是在光标左面插入字符,否则覆盖当前字符
Del(Delete)	删除键	删除光标右边的字符
PgUp(Page Up)	向上翻页键	光标定位到上一页
PgDn(Page Down)	向下翻页键	光标定位到下一页
Num Lock	数字锁定转换	Num Lock 灯亮时小键盘数字键起作用,否则为下档的光标定位键起作用
Esc	强行退出	可废除当前命令行的输入,等待新命令的输入或中断当前正执行的程序

2. 键盘按键的使用

单击"开始"按钮,移动鼠标到"所有程序"上,再移动鼠标到弹出的级联菜单中的"附件",最后移动鼠标到弹出的级联菜单的"写字板"上,单击,即可打开写字板进行编辑。自己输入一些英文字母,注意以下几个内容的练习。

(1) 切换 Caps Lock 键,输入大小写字母。

(2) Caps Lock 指示灯亮,此时输入的是大写字母,在指示灯不亮的情况下,按住 Shift 键再按字母键,可实现大写字母的输入。

(3) 练习!、@、♯、$、%、ˆ、& 等上档键的输入,方法是按 Shift 不放再按相应键。

(4) 练习 Backspace 键、Delete 键的使用,并体会它们的区别。

(5) 通常先按下 Shift 键不动,用另一只手相应手指击下字母键。若遇到需要用左手弹击大写字母时,则用右手小指按下右端 Shift 键,同时用左手的相应手指击下要弹击的大写字母键,随后右小拇指释放 Shift 键,再继续弹击首字母后的字母;同样地,若遇到需要用右手弹击大写字母时,则用左手小指按下左端 Shift 键,同时用右手的相应手指击下要弹击的大写字母键,随后左小指释放 Shift 键,再继续弹击首字母后的字母。

(6)通常将键盘上的大写锁定键 Caps Lock 按下后,则可以按照指法分区的击键方式来连续输入大写字母。

实验 2　鼠标操作

一、实验目的

(1) 掌握鼠标的操作及使用方法。

(2) 掌握正确的操作姿势。

二、实验内容

1. 鼠标的基本操作

单击:快速按下鼠标键。单击左键是选定鼠标指针下面的任何内容,单击右键是打开鼠标指针所指内容的快捷菜单。一般情况下,若无特殊说明,单击操作均指单击左键。

双击:快速击键两次(迅速的两次单击)。双击左键是首先选定鼠标指针下面的项目,然后再执行一个默认的操作。单击左键选定鼠标指针下面的内容,然后再按回车键的操作与双击左键的作用完全一样。若双击鼠标左键之后没有反应,说明两次单击的速度不够迅速。

移动:不按鼠标的任何键移动鼠标,此时屏幕上鼠标指针相应移动。

拖动:鼠标指针指向某一对象或某一点时,按下鼠标左键不松开,同时移动鼠标至目的地时再松开鼠标左键,鼠标指针所指的对象即被移到一个新的位置。

与键盘键组合:有些功能仅用鼠标不能完全实现,需借助于键盘上的某些按键组合才能实现所需功能。如与 Ctrl 键组合,可选定不连续的多个对象;与 Shift 键组合,选定的是单击的两个对象所形成的矩形区域之间的所有文件;与 Ctrl 键和 Shift 键同时组合,选定的是几个文件之间的所有文件。

2. 练习鼠标的使用

单击 Windows 7 的桌面上的"开始"按钮,先移动鼠标到"所有程序",再移动鼠标到"游戏"中的"扫雷",单击"扫雷",打开"扫雷"的游戏界面。先单击"帮助"菜单阅读一下游戏规则。了解游戏规则后,可进行游戏,在游戏时,注意练习鼠标的单击和双击。

实验 3　汉字输入法练习

一、实验目的

(1) 熟悉汉字系统的启动及转换。

(2) 掌握一种汉字输入方法。

(3) 掌握英文、数字、全角字符、半角字符、图形符号和标点符号的输入方法。

二、实验内容

(1) 开机启动 Windows 7。

(2) 选择汉字输入法。

(3) 在任务栏上打开"开始"菜单,选择"所有程序",单击"Microsoft Office"→"Microsoft Office Word 2010"选项,启动 Word 2010。

(4) 汉字输入法的转换。

在 Windows 中,汉字输入法的选择及转换方法有四种:

① 单击任务栏上的输入法指示器可选择输入方法。

② 打开"开始"菜单,选择"控制面板",在"控制面板"窗口中双击"输入法"图标,在"输入法属性"对话框中单击"热键"标签,在其选项卡下选择一种输入法(如切换到王码五笔型输入法)后,单击"基本键"输入框的列表按钮,选择"1",在"组合键"区的"Alt"及"左键"前面的复选框中单击,出现对钩标志,单击"确定"后关闭"控制面板"窗口,此时按下字符键区左边的 Alt 键并按数字键 1,即可将输入法切换成所选(如五笔)输入法。

③ 按 Ctrl＋空格键,可实现中英文输入的转换。

④ 按组合键 Ctrl＋Shift 反复几次直至出现要选择的输入法。

（5）全角/半角的转换及中英文字符的转换。

① 单击输入法状态条上的半月形或圆形按钮,可实现半角与全角的转换。

② 单击输入法状态条上的标点符号按钮,可实现英文标点符号与中文标点符号的转换。

（6）选择一种输入法后,在 Word 编辑状态下,输入一些文字。

实验 4　了解和熟悉计算机系统

一、实验目的

（1）把所学的知识与实际相结合。

（2）熟悉键盘的基本组成及键位。

（3）熟练计算机的开机、关机要领。

（4）掌握正确的计算机操作方法。

（5）掌握鼠标的操作及使用方法。

二、实验内容

调查一台微机,了解以下情况:

（1）出厂日期;

（2）安装的操作系统;

（3）CPU 的类型、主频、字长;

（4）内存大小,硬盘的型号、容量;

（5）显示器的分辨率、刷新频率;

（6）系统安装的应用软件。

第 2 章 Windows 7

2.1 本章主要内容

操作系统是系统软件的核心,操作系统管理计算机的硬、软件资源。操作系统的性能在很大程度上决定了计算机系统的工作。本章首先介绍操作系统的基本知识和概念,之后重点讲解目前在微型计算机上使用比较广泛的、Microsoft 公司的 Windows 7 操作系统,以及 Windows 7 的使用与操作方法。

2.2 习题解答

1. 单项选择题

(1) 在 Windows 7 中,以下说法正确的是( )。
   A. 双击任务栏上的日期/时间显示区,可调整机器默认的日期或时间
   B. 如果鼠标坏了,将无法正常退出 Windows
   C. 如果鼠标坏了,就无法选中桌面上的图标
   D. 任务栏总是位于屏幕的底部

   A

(2) 在 Windows 7 中,以下说法正确的是( )。
   A. 关机顺序是:退出应用程序,回到 Windows 桌面,直接关闭电源
   B. 在系统默认情况下,右击 Windows 桌面上的图标,即可运行某个应用程序
   C. 若要重新排列图标,应首先双击鼠标左键
   D. 选中图标,再单击其下的文字,可修改文字内容

   D

(3) 在 Windows 7 中,从 Windows 图形用户界面切换到"命令提示符"方式以后,再返回到 Windows 图形用户界面下,可以键入( )命令后回车。
   A. Esc   B. exit   C. CLS   D. Windows

   B

(4) 在 Windows 7 中,可以为( )创建快捷方式。
   A. 应用程序   B. 文本文件   C. 打印机   D. 三种都可以

   D

(5) 操作窗口内的滚动条可以( )。
   A. 滚动显示窗口内菜单项   B. 滚动显示窗口内信息
   C. 滚动显示窗口的状态栏信息   D. 改变窗口在桌面上的位置

   B

(6) 在 Windows 7 中,若要退出一个运行的应用程序,(　　)。

    A. 可执行该应用程序窗口的"文件"菜单中的"退出"命令

    B. 可用鼠标右键单击应用程序窗口空白处

    C. 可按 Ctrl+C 键

    D. 可按 Ctrl+F4 键

A

(7) 搜索文件时,用(　　)通配符可以代表任意一串字符。

    A. *　　　　　　B. ?　　　　　　C. 1　　　　　　D. <

A

(8) Windows 7 属于(　　)。

    A. 系统软件　　B. 管理软件　　C. 数据库软件　　D. 应用软件

A

(9) 双击一个窗口的标题栏,可以使得窗口(　　)。

    A. 最大化　　　B. 最小化　　　C. 关闭　　　　D. 还原或最大化

D

(10) 将文件拖到回收站中后,则(　　)。

    A. 复制该文件到回收站　　　　　　B. 删除该文件,且不能恢复

    C. 删除该文件,但能恢复　　　　　　D. 回收站自动删除该文件

C

2. 简答题

(1) 为什么说在删除程序时,不能仅仅把程序所在的目录删除?

程序在安装时不仅仅在硬盘上安装的目录下留下文件,还在系统文件夹、注册表中留下了相应的信息,所以在删除文件时不能仅仅把程序所在的目录删除,而是要删除所有相关的信息。这样就必须依靠反安装程序,有些程序会自带自删除功能,而删除那些不具备反安装功能的程序就最好依靠 Windows 7 的控制面板中的"程序和功能"组件来完成删除。

(2) 如何改变任务栏的位置?

Windows 7 任务栏的默认位置是桌面的底部,不过用户可以根据自己的操作习惯改变其位置,方法是用鼠标指针指向任务栏的空白处,再按下左键并拖动到桌面的左端、右端或顶部,然后松开,就可以把任务栏移到这些地方。如果要恢复到默认位置,只要把它拖动到桌面底部即可。

注意,如果任务栏已经锁定,则先要用右键的快捷菜单解锁。

(3) 如何设置任务栏属性?

在"控制面板"中双击"任务栏和「开始」菜单"图标,或右击任务栏空白处,从快捷菜单中选择"属性"命令,系统弹出"任务栏和「开始」菜单属性"对话框,选择"任务栏"选项卡,便可在该对话框中设置任务栏的有关属性。

(4) 如果用户不习惯使用 Windows 7 的"开始"菜单,如何自定义格式?

在"控制面板"中双击"任务栏和「开始」菜单"图标,或右击任务栏空白处,从快捷菜单中选择"属性"命令,系统弹出"任务栏和「开始」菜单属性"对话框。

在"任务栏和「开始」菜单属性"对话框中选择"「开始」菜单"选项卡,再单击"自定义"按钮。

在弹出的"自定义「开始」菜单"对话框中进行相关设置。

(5) 如何使用 Windows 7 的记事本建立文档日志,用于跟踪用户每次开启该文档时的日期和时间(指计算机系统时间)?

打开记事本,在记事本文本区的第一行第一列开始输入句点和大写英文字符.LOG 并按 Enter 键,然后保存这个.txt 文件。以后,每次打开这个文件时,系统就会自动在上一次文件结尾的下一行显示当时的系统日期和时间。

(6) 如何使"命令提示符"窗口设置为全屏方式?

在 DOS 窗口中单击"全屏幕"工具按钮或按 Alt+Enter 键。

有的 Windows 7 版本不支持全屏模式。

3. 填空题

(1) Windows 7 预装了一些常用的小程序,如画图、写字板、计算器等,这些一般都位于"开始"菜单中"所有程序"级联菜单下的_____中。

→附件

(2) 记事本是一个用来创建简单的文档的基本的文本编辑器。记事本最常用来查看或编辑文本文件,生成_____文件。

→.txt

(3) 在记事本和写字板中,若创建或编辑对格式有一定要求的文件,则要使用_____。

→写字板

(4) 在任务栏右键快捷菜单中,选中"锁定任务栏"命令,则任务栏被锁定在桌面的_____位置,同时任务栏上的工具栏位置及大小_____。

→当前;不能改变

2.3 实验指导

实验 1 启动和退出应用程序

一、实验目的

(1) 练习启动和退出应用程序的方法。

(2) 认识 Windows 7 的记事本程序。

二、实验内容

这里以启动和退出 Windows 7 的记事本程序为例,练习启动和退出应用程序的方法。

①单击 按钮,打开"开始"菜单。

②如果在"开始"菜单的高频使用区中没有记事本程序,则要选择"所有程序"命令,打开所有程序列表。

③单击"附件"文件夹,找到记事本程序,将鼠标光标移动到"记事本"上单击,如图 2-1 所示。

④启动记事本程序,如图 2-2 所示。

⑤使用后,单击窗口右上角的 × 按钮退出记事本程序。

2-1　启动记事本程序的过程　　　　　图 2-2　记事本程序已启动

实验 2　窗口、菜单和对话框的综合应用

一、实验目的

（1）练习窗口、菜单和对话框的联合操作方法。

（2）Windows 7 下共享文件夹的设置方法。

二、实验内容

（1）窗口、菜单和对话框操作的综合应用。

（2）文件夹共享属性的设置。

本实验以将**本地磁盘 (D:)**中的"照片"文件夹设置成共享文件夹为例，讲解在设置文件夹共享属性过程中，窗口、菜单和对话框的操作方法。

① 使用鼠标双击桌面上的"计算机"图标，打开"资源管理器"窗口。

② 在打开的"资源管理器"窗口中，通过左边的任务窗格选择**本地磁盘 (D:)**选项。

③ 将鼠标光标放到"照片"文件夹上，单击鼠标右键，在弹出的快捷菜单中选择"共享"→"特定用户"命令，如图 2-3 所示，打开"文件共享"对话框。

④ 在"选择要与其共享的用户"下拉列表框中选择"Everyone"选项为共享对象。

⑤ 单击　添加(A)　按钮将其添加到共享列表中。

⑥ 选择"Everyone"选项，单击　共享(H)　按钮完成共享，如图 2-4 所示。

⑦ 弹出"文件共享－您的文件夹已共享"对话框，单击　完成(D)　按钮，对话框关闭，完成设置。

实验 3　使用右键菜单方式新建文件夹

一、实验目的

（1）练习文件夹的创建方法。

图 2-3 选择"特定用户"命令

图 2-4 设置共享过程

（2）Windows 7 下新建文件夹的命名法。

二、实验内容

（1）使用右键菜单方式新建文件夹。

① 双击桌面上的"计算机"图标，打开"资源管理器"窗口。

② 单击左侧导航窗格中需要创建文件夹的磁盘分区选项，打开该磁盘分区窗口，在右侧文件显示区的空白处单击鼠标右键，在弹出的快捷菜单中选择"新建"→"文件夹"命令，如图 2-5 所示。

（2）新建文件夹的命名。

在窗口中新建一个文件夹，文件夹的名称默认为"新建文件夹"，在文件夹名称反白显示的文本框中输入"教材"，然后按 Enter 键，完成新文件夹的创建和命名，如图 2-6 所示。

图 2-5 选择"新建"→"文件夹"命令

图 2-6 为新建文件夹命名

实验 4 文件夹的移动

一、实验目的

（1）练习文件或文件夹的移动方法。

（2）剪贴板的应用。

（3）文件夹向库中移动。

二、实验内容

在"资源管理器"窗口中，将"练习"文件夹移动到库下的"文档"库中。

① 在资源管理器右侧窗口中选定"练习"文件夹后按 Ctrl ＋X 键将其剪切到剪贴板中。

② 在资源管理器的导航窗格中单击"库"下面的"文档"选项，打开"文档库"窗口。

③ 在右侧窗口中按 Ctrl ＋V 键将剪切到剪贴板中的"练习"文件夹粘贴到库中的"文档库"窗口中，完成文件夹的移动，如图 2-7 所示。

剪贴板是 Windows 中的一个重要应用，在将文件或文件夹剪切到剪贴板上后，文件夹窗口中并未有任何反应，这时用户可以打开目标文件夹窗口，将剪贴板上的内容粘贴到目标文件夹窗口中即可。

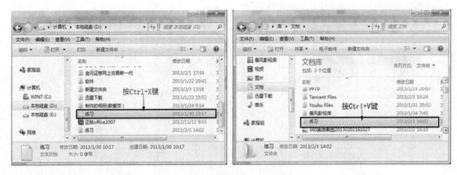

图 2-7　移动文件夹

实验 5　管理文件和文件夹及文件夹综合应用

一、实验目的

（1）综合管理计算机中的文件和文件夹。

（2）整理相关的文件和文件夹，使其使用起来更加方便。

（3）通过实验，体会管理文件和文件夹的重要性。

二、实验内容

（1）管理计算机中的"新教程相关"文件夹。

（2）对新教程相关的文件进行整理。

（3）文件的删除和恢复。

操作步骤如下。

① 打开磁盘中的"新教程相关"文件夹，单击"资源管理器"窗口工具栏中的 新建文件夹 按钮，并为新建文件夹输入名称"重要文件"，如图 2-8 所示。

② 选中"初识 Windows 7.docx"和"Windows 7 实验指导.docx"文件，将鼠标指针移动到选中的文件图标上，按住鼠标左键不放，拖动到"重要文件"文件夹图标上后释放鼠标，完成移动文件操作，如图 2-9 所示。

③ 选中其他不需要的文件，在其图标上单击鼠标右键，在弹出的快捷菜单中选择"删除"命令，如图 2-10 所示。

④ 在弹出的确认删除对话框中单击 是(Y) 按钮，如图 2-11 所示。

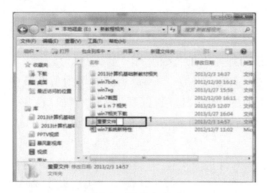

图 2-8　新建文件夹

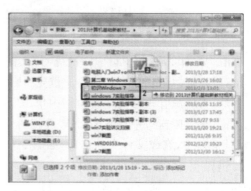

图 2-9　移动文件

图 2-10　选择"删除"命令

图 2-11　确认删除

⑤ 双击桌面上的"回收站"图标 ，打开"回收站"窗口，选中需要恢复的文件，在其图标上单击鼠标右键，在弹出的快捷菜单中选择"还原"命令，如图 2-12 所示。

⑥ 单击工具栏中的 清空回收站 按钮，在弹出的"删除多个项目"对话框中单击 是(Y) 按钮确定删除，如图 2-13 所示。完成后关闭所有窗口。

由于在磁盘中存储的文件或文件夹数量庞大，因此只有学会合理管理文件或文件夹的技巧，才能在进行文件或文件夹操作时得心应手。

图 2-12　还原文件

图 2-13　清空回收站

实验 6　搜索文件并设置文件夹属性综合应用

一、实验目的

(1) 综合管理计算机中的文件和文件夹。

(2) 搜索文件并设置文件夹属性。

（3）通过实验，体会搜索文件的操作方法和文件夹属性的设置方法。

二、实验内容

本实验将通过搜索功能查找"重要资料"文件夹，并设置其属性，然后创建该文件夹的快捷方式到桌面。

操作步骤如下。

① 双击桌面上的"计算机"图标，打开"资源管理器"窗口，在窗口的搜索框中输入关键字"重要"，如图 2-14 所示。

② Windows 将自动搜索计算机中与"重要"相关的文件和文件夹，并在下方的显示区显示搜索结果。在搜索结果列表中选择需要查找的选项，在其图标上单击鼠标右键，在弹出的快捷菜单中选择"打开文件夹位置"命令，如图 2-15 所示。

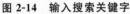

图 2-14　输入搜索关键字

图 2-15　选择搜索结果

③ 在打开窗口的文件夹图标上单击鼠标右键，在弹出的快捷菜单中选择"属性"命令，再在打开的文件夹属性对话框中选中 ☑只读(仅应用于文件夹中的文件)(R) 复选框，然后单击 应用(A) 按钮，如图 2-16 所示。

④ 在打开的"确认属性更改"对话框中保持默认选中 ⦿将更改应用于此文件夹、子文件夹和文件 单选按钮，然后单击 确定 按钮确认更改，如图 2-17 所示。

图 2-16　设置只读属性

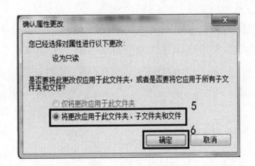

图 2-17　确认更改

⑤ 返回文件夹属性对话框，单击 确定 按钮关闭对话框，然后在"重要资料"文件夹图标上单击鼠标右键，在弹出的快捷菜单中选择"发送到"→"桌面快捷方式"命令，创建文件夹桌面快捷方式。

实验7　写字板文字设置基础

一、实验目的

(1)写字板应用。

(2)写字板文字设置基本技术。

二、实验内容

本实验将在写字板中设置输入文字的字体和段落格式。

本实验输入的文字如图 2-18 所示,对文字的字体和段落格式的设置效果如图 2-19所示。

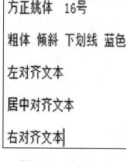

图 2-18　输入文字　　　　　　　　　图 2-19　设置效果

操作步骤如下。

① 启动写字板程序,并输入"方正姚体 16 号 粗体 倾斜 下划线 蓝色 左对齐文本 居中对齐文本 右对齐文本"等内容,如图 2-18 所示。

② 选择"方正姚体 16 号",在"字体"命令组中单击 宋体 右侧的 按钮,在弹出的下拉列表框中选择"方正姚体"选项。然后单击 11 右侧的 按钮,在弹出的下拉列表框中选择 16 选项。

③ 选择"粗体 倾斜 下划线 蓝色",在"字体"命令组中依次单击"加粗"按钮 **B**、"倾斜"按钮 *I* 和"下划线"按钮 U;然后单击"字体颜色"按钮右侧的 按钮,在弹出的下拉列表框中选择"蓝色"。

④ 选择"居中对齐文本",在"段落"命令组中单击"居中"按钮 ;选择"右对齐文本",在"段落"命令组中单击"向右对齐文本"按钮 。

⑤ 完成以上操作后,取消选择,得到如图 2-19 所示的效果图。

提示:在写字板中,默认情况下输入的文本均以"向左对齐文本"排列;单击 宋体 右侧的 按钮,在弹出的下拉列表框中选择带@的字体,在输入时字体会逆时针转动 90°显示。

实验 8　写字板文档编辑

一、实验目的

(1)写字板综合应用。

(2)利用写字板编辑一篇文档。

二、实验内容

(1)在写字板程序中编写一篇"我的心情日记",并对其中的文本格式、段落格式和颜色进行设置,然后将其保存在计算机中,最终效果如图 2-20 所示。

(2) 通过编写一篇"我的心情日记"这个练习,熟悉写字板的使用方法。

本实验输入的文字体裁是日记,内容自定;对文字的字体和段落格式的设置效果如图 2-20 所示。

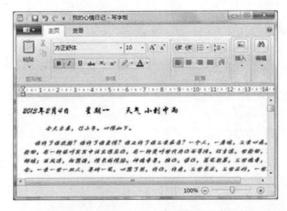

图 2-20　利用写字板编辑文档的最终效果

操作步骤如下。

① 单击开始按钮，在弹出的菜单中选择"所有程序"→"附件"→"写字板"命令,启动写字板程序。

② 将文本插入点定位在文本编辑区的左上侧,切换到需要的输入法后直接输入日期、星期和天气等内容,然后按 Enter 键将插入点移至下一行的行首,最后按 6 次空格键后输入日记的正文内容。

③ 选择第一行文本内容,在"字体"命令组中单击 宋体 右侧的 按钮,在弹出的下拉列表框中选择"华文行楷"选项。然后单击 11 右侧的 按钮,在弹出的下拉列表框中选择 14 选项,如图 2-21 所示。

④ 选择正文内容,在"字体"命令组中单击 宋体 右侧的 按钮,在弹出的下拉列表框中选择"方正舒体"选项。然后单击 11 右侧的 按钮,在弹出的下拉列表框中选择 10 选项,然后单击"加粗"按钮 B 和"倾斜"按钮 I ,如图 2-22 所示。

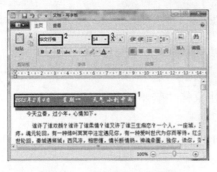

图 2-21　设置首行文本格式

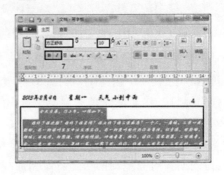

图 2-22　设置正文格式

⑤ 选择正文内容,在"字体"命令组中单击 A 右侧的 按钮,在弹出的下拉列表框中选择"鲜蓝",如图 2-23 所示。

⑥ 单击按钮选项卡中的 按钮,在弹出的菜单中选择"保存"命令,再在打开的"保存为"对话框中将编辑好的"我的心情日记"文档保存在电脑中,如图 2-24 所示。

 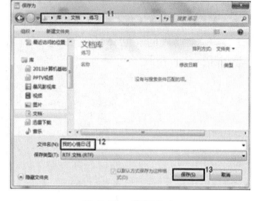

图 2-23　设置文本颜色　　　　　　　　　图 2-24　保存文本

实验 9　在画图程序中绘制"草莓"图形

一、实验目的

(1) 了解画图程序基本工具的使用方法并熟悉绘制图形的过程。

(2) 通过使用画图程序的曲线、圆形、画笔、颜色等基本工具,绘制图形。

(3) 熟悉和实践绘制图形的过程。

二、实验内容

(1) 通过使用曲线、圆形、画笔、颜色等工具,绘制"草莓"图形。

(2) 了解画图程序基本工具的使用方法并熟悉绘制图形的过程。

操作步骤如下。

① 启动画图程序,单击"工具"命令组中的"用颜色填充"按钮，然后单击"颜色"命令组中的"红色",最后再单击绘图区,将背景填充为红色,如图 2-25 所示。

图 2-25　填充背景

② 单击"形状"命令组中的"曲线"按钮，然后在"颜色"命令组中单击"黑色"选项,将曲线设置为黑色。移动鼠标光标到绘图区,按住鼠标左键不放拖动鼠标,绘制出一条直线,如图 2-26 所示。

③ 将鼠标光标移至直线中间,按住鼠标左键往左拖动成曲线,如图 2-27 所示。需要注意的是,拖动曲线时需拖动两次才可定型曲线。

④ 用类似的方法,利用"曲线"工具,绘制出草莓的主体部分,如图 2-28 所示。

⑤ 使用相同的方法绘制草莓的蒂图案,如图 2-29 所示。这里的草莓图案的绘制均是由多条曲线组成的。

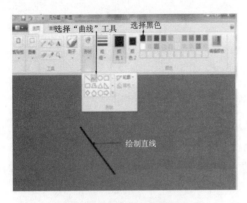

图 2-26　绘制一条直线

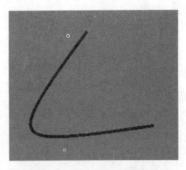

图 2-27　拖动两次完成曲线

图 2-28　绘制主体轮廓图

图 2-29　填充草莓的蒂

⑥ 单击"形状"命令组中的"椭圆形"按钮○,将鼠标光标移动到草莓的主体位置,拖动鼠标绘制草莓的刺;单击"颜色"命令组中的"黑色"选项,将"椭圆形"工具设置为黑色,继续拖动鼠标绘制草莓上的小点点,完成如图 2-30 所示的效果。

图 2-30　绘制草莓的效果

提示:"形状"命令组中其他的工具使用方法类似,均为选中后按住鼠标不放拖动;单击"颜色"命令组中的"编辑颜色"选项,可自定义更多的颜色,新添加的颜色将自动添加到默认颜色块下方的空白颜色块中。

实验 10　为计算机设置屏幕保护程序

一、实验目的

(1) Windows 7 下的屏幕保护程序设置方法。

(2)"个性化"窗口应用。

二、实验内容

(1) Windows 7 个性化设置方法。

(2) 屏幕保护程序设置。

操作步骤如下。

① 在桌面空白处单击鼠标右键,在弹出的快捷菜单中选择"个性化"命令,打开"个性化"窗口。

② 在"个性化"窗口中单击右下角的"屏幕保护程序"超链接,打开"屏幕保护程序设置"对话框。

③ 在"屏幕保护程序"下拉列表框中选择一个程序选项,这里选择"三维文字"。

④ 在"等待"数值框中输入屏幕保护等待的时间,这里设置为 10 分钟。

⑤ 选中 ☑ 在恢复时显示登录屏幕(R) 复选框,单击 应用(A) 按钮应用,然后单击 确定 按钮关闭对话框,如图 2-31 所示。

图 2-31 设置屏幕保护程序

注意:选中 ☑ 在恢复时显示登录屏幕(R) 复选框的作用是当需要从屏幕保护程序恢复正常显示时,将显示登录 Windows 屏幕,如果用户帐户设置了密码,则需要输入正确的密码才能进入桌面。

实验 11 设置个性化桌面

一、实验目的

(1) 为计算机设置个性化的桌面。

(2) 个性化桌面的效果设为图 2-32。

二、实验内容

(1) Windows 7 个性化桌面设置由用户自己自由完成,这里完成图 2-32 仅仅是操作举例。

(2) 个性化桌面设置得好,可使用户在使用计算机的过程中保持新鲜感。

操作步骤如下。

① 在桌面空白处单击鼠标右键,在弹出的快捷菜单中选择"个性化"命令,打开"个性化"窗口,在中间的主题列表中选择一个主题,单击应用,这里选择"假期",如图 2-33 所示。

② 单击窗口下方的"桌面背景"超链接,在打开的窗口中选择需要的背景图片,然后在窗口下方按照如图 2-34 所示进行桌面背景设置,完成后单击 保存修改 按钮。

图 2-32　个性化桌面效果图

图 2-33　设置桌面主题

图 2-34　设置桌面背景

③ 返回"个性化"窗口,在窗口底部单击"屏幕保护程序"超链接,在打开的"屏幕保护程序设置"对话框中做如图 2-35 所示的设置,完成后单击　确定　按钮。

④ 关闭"个性化"窗口,在桌面空白处单击鼠标右键,在弹出的快捷菜单中选择"小工具"命令,再在打开的窗口中双击"中国日历"选项,桌面上出现中国日历,将其拖动到屏幕中间的顶部,如图 2-36 所示。

⑤ 关闭"小工具库"窗口,再在桌面空白处单击鼠标右键,在弹出的快捷菜单中选择"屏幕分辨率"命令,将分辨率设置为 800×600,完成后停止操作计算机,等待 5 分钟后屏幕上将显示设置的屏幕保护程序。

图 2-35　设置屏幕保护程序

图 2-36　设置桌面小工具

实验 12　创建标准用户帐户

一、实验目的

(1) 为计算机创建一个标准用户帐户。

（2）用户帐户的创建方法。

二、实验内容

（1）在 Windows 7 操作系统中完成用户帐户的创建。

（2）控制面板的使用。

操作步骤如下。

①选择"开始"→"控制面板"命令，打开"控制面板"窗口，单击"查看方式"后面的下拉按钮，在弹出的菜单中选择"大图标"选项，将查看方式设置为"大图标"显示，如图 2-37 所示。

②在"控制面板"窗口中单击"用户帐户"，打开"用户帐户"窗口，如图 2-38 所示。

图 2-37　切换查看方式

图 2-38　选择"用户帐户"选项

③在"用户帐户"窗口中单击"管理其他帐户"超链接，如图 2-39 所示，在打开的"管理帐户"窗口中单击"创建一个新帐户"超链接。

④打开的"创建新帐户"窗口中输入新帐户的名称，如"2013 新年"，并选中"标准用户"单选按钮，单击 创建帐户 按钮完成创建，如图 2-40 所示。

图 2-39　单击"管理其他帐户"

图 2-40　创建帐户

第3章 Word 2010 文字处理

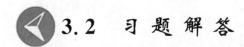

3.1 本章主要内容

当前,国内普遍使用的文档处理系统是 Microsoft 公司的 Word 和金山公司的 WPS 。Word 2010 是 Office 2010 的重要组成部分,是 Microsoft 公司推出的一款优秀的文字处理软件,通过它可以制作各种类型的文档,在文档中插入图片进行美化,也可以将数据以表格和图表的形式呈现在文档中。

Word 的基本功能大致分为三个部分,即内容录入与编辑、内容的排版与修饰美化、效率工具。本章围绕这三个方面做重点介绍。虽然 Word 的功能和技术日趋复杂,频频升级,但基本上都是围绕上述三个方面做锦上添花的工作,学习时可根据实际需要将各种功能加以整合。

3.2 习题解答

1. 选择题

(1) 打开 Word 2010 的一个标签后,在出现的功能选项卡中,经常有一些命令是暗淡的,这表示(　　)。

A. 这些命令在当前状态下有特殊效果　B. 应用程序本身有故障

C. 这些命令在当前状态下不起作用　　D. 系统运行故障

C

(2) 关于"插入"选项卡下"文本"命令组中的"文本框"命令,下面说法不正确的是(　　)。

A. 文本框的类型有横排和竖排两种类型

B. 通过改变文本框的文字方向可以实现横排和竖排的转换

C. 在文本框中可以插入剪贴画

D. 文本框可以自由旋转

B

(3) 打开"文件"选项卡,所显示的文件名是(　　)。

A. 最近所用文件的文件名　　　　　B. 正在打印的文件名

C. 扩展名为.doc 的文件名　　　　　D. 扩展名为.exe 的文件名

A

(4) 在 Word 2010 中,激活"帮助"功能的键是(　　)。

A. Alt　　　　　B. Ctrl　　　　　C. F1　　　　　D. Shift

C

(5) 启动 Word 2010 后,默认建立的空白文档的名字是(　　)。

　　A. 文档 1. docx 　B. 新文档. docx 　　C. Doc1. docx 　　　D. 我的文档. docx

[A]

(6) 将文档中一部分文本内容复制到其他位置,先要进行的操作是(　　)。

　　A. 粘贴 　　　　　B. 复制 　　　　　C. 选择 　　　　　D. 剪切

[C]

(7) 在 Word 2010 编辑状态下,若要调整左右边界,比较直接、快捷的方法是(　　)。

　　A. 标尺 　　　　　B. 格式栏 　　　　　C. 菜单 　　　　　D. 工具栏

[A]

(8) 用(　　)中的裁剪功能可以把插入到文档中的图形剪掉一部分。

　　A. "图片工具"选项卡　　　　　　　B. "开始"选项卡

　　C. "插入"选项卡　　　　　　　　　D. "视图"选项卡

[A]

(9) 在 Word 文档中,要编辑复杂数学公式,应使用"插入"选项卡中(　　)命令组中的"公式"命令。

　　A. "插图" 　　　B. "文本" 　　　　C. "表格" 　　　　D. "符号"

[D]

(10) 如果在 Word 2010 的文档中,插入页眉和页脚,应使用(　　)。

　　A. "引用"选项卡　　　　　　　　　B. "插入"选项卡

　　C. "开始"选项卡　　　　　　　　　D. "视图"选项卡

[B]

2. 名词解释

(1) PDF 文档:

PDF(portable document format)是 Adobe 公司开发的电子文件格式,用 Acrobat 软件可以浏览这种文件,但 PDF 格式的文档是不能被编辑的。这种文件格式与操作系统平台无关,也就是说,PDF 文件不管是在 Windows、Unix 还是苹果公司的 Mac OS 操作系统中都是通用的。这一特点使它成为电子文档发行和数字化信息传播的理想文档格式。越来越多的电子图书、产品说明、公司公告、电子邮件开始使用 PDF 格式文件。

(2) 移动文本:

移动文本指将文本从一个位置移动到另一个位置,以便重新组织文档的结构。

(3) 字符格式:

字符格式决定文本在屏幕和打印机上的出现形式,包括设置基本的字体、字号、字形、字体颜色、字符间距、边框和底纹等。

(4) 字形:

字形是指文字的显示效果,如加粗、下划线、倾斜、删除线、上标和下标等。

(5) 字符间距:

字符间距是指文本中相邻字符之间的距离,包括标准、加宽和紧缩三种类型。

(6) 字符边框:

字符边框是指字符四周添加线型边框。

(7) 字符底纹:

字符底纹是指为文字添加背景颜色。

（8）段落间距：

段落间距是指段落与段落之间的距离。

（9）编号：

编号是指放在文本前具有一定顺序的字符。

（10）项目符号：

项目符号是指放在文本前以强调效果的各类符号。

3. 填空题

（1）第一个在 Windows 上运行的 Word 1.0 版出现在＿＿＿＿＿年。

→1989

（2）Word 2010 创建的文档是以＿＿＿＿＿为后缀名的文件。

→.docx

（3）在"改写"状态下，输入的文本将＿＿＿＿＿光标右侧的原有内容。

→覆盖

（4）在"插入"状态下，将直接在光标处插入输入的文本，原有内容＿＿＿＿＿。

→右移

（5）按＿＿＿＿＿键或用鼠标双击状态栏上的"改写"按钮，可在"改写"与"插入"状态之间切换。

→Insert

（6）按＿＿＿＿＿键删除插入点后一个字符。

→Delete

（7）按＿＿＿＿＿键删除插入点前一个字符。

→Backspace

（8）选定需要删除的文本内容，按 Delete 键或＿＿＿＿＿键可将选定内容全部删掉。

→Backspace

（9）Word 的三个基本功能是内容录入与编辑、内容的排版与修饰美化、＿＿＿＿＿工具。

→效率

（10）单击某个相应的选项卡，可以切换到相应的＿＿＿＿＿。

→功能选项卡

4. 简答题

（1）Word 2010 的基本功能主要有哪些？

Word 的基本功能大致分为三个部分，即内容录入与编辑、内容的排版与修饰美化、效率工具。

（2）简述 Word 2010"文件"选项卡的功能。

"文件"选项卡替代了原来位于程序窗口左上角的 Office 按钮。打开"文件"选项卡，用户能够获得与文件有关的操作选项，如"打开""另存为"和"打印"等。

（3）Word 2010 文档的保存格式是什么？

Word 2010 以 XML 格式保存，其新的文件扩展名是在以前的文件扩展名后添加 x 或 m。x 表示不含宏的 XML 文件，而 m 表示含有宏的 XML 文件。

（4）简述保存 Word 文档的方法。

① 单击快速访问工具栏中的"保存"按钮,打开"另存为"对话框,输入"文件名",选择"保存类型"后保存。

② 单击"文件"选项卡,在展开的菜单中单击"保存"或"另存为"命令。

另外,按 F12 键可以对当前文件"另存为"。

(5) 简述关闭 Word 文档的方法。

① 在要关闭的文档中单击"文件"选项卡,然后在弹出的菜单中选择"关闭"命令。

② 按组合键 Ctrl+F4。

③ 单击文档窗口右上角的关闭按钮。

(6) 简述 Word 2010 中插入符号的操作步骤。

① 将光标定位在要插入符号的位置,切换到功能区的"插入"选项卡,单击"符号"命令组中的"符号"按钮,在弹出的菜单中选择"其他符号"命令。

② 打开"符号"对话框,在"字体"下拉列表框中进行选择(不同的字体存放在不同的字符集中),在下方选择要插入的符号。

③ 单击"插入"按钮,就可以在插入点处插入该符号。

(7) 简述 Word 2010 中设置字体的方法。

设置字体有以下两种方法。

① 单击功能区中的"开始"选项卡,在"字体"命令组中单击"字体"列表框右侧的向下箭头,出现"字体"下拉列表,在表中选择字体。

② 单击功能区中的"开始"选项卡,单击"字体"命令组右下角的"对话框启动器"按钮,出现"字体"对话框,在该对话框中选择字体。

(8) 简述 Word 2010 文档分节的观念。

分节就是将一篇文档分割成若干节,根据需要可以分别为每节设置不同的格式。所谓的"节",是指用来对文档重新划分的一种方式。因为在默认情况下,Word 将整个文档看作一节。为了实现整篇文档不同部分具有不同的排版效果,经常需要人为地在文档中插入一些分节符。

分节符是指在表示节的结尾插入的标记,分节符包含节的格式设置元素,如页边距、页面的方向、页眉、页脚和页码的顺序。

(9) Word 2010 中有哪几种分节符可以选择?

Word 2010 中有四种分节符可以选择,分别是"下一页""连续""偶数页"和"奇数页"。

(10) 如何为 Word 2010 设置页码?

一篇文章由多页组成时,为了便于按顺序排列与查看,希望每页都有页码。使用 Word 可以快速地为文档添加页码。操作步骤如下:

① 切换到功能区的"插入"选项卡,在"页眉和页脚"命令组中单击"页码"按钮,弹出"页码"下拉菜单;

② 在"页码"下拉菜单中可以选择页码出现的位置,例如要插入到页面的底部,就选择"页面底端",再从其子菜单中选择一种页码格式。

5. 操作题

(1) 为 Word 2010 的文档创建页眉和页脚。

操作步骤如下。

① 切换到功能区中的"插入"选项卡,在"页眉和页脚"命令组中单击"页眉"按钮,从弹出的菜单中选择页眉的格式。

② 选择所需的格式后,即可在页眉区添加相应的格式,同时功能区中显示"页眉和页脚工具"选项卡。

③ 输入页眉的内容,或者单击"页眉和页脚工具"选项卡下的按钮来插入一些特殊的信息。例如:要插入当前的日期或时间,可以单击"日期和时间"按钮;插入图片,可以单击"图片"按钮,从弹出的"插入图片"对话框中选择所需的图片;要插入剪贴画,可以单击"剪贴画"按钮,从弹出的"剪贴画"任务窗格中选择所需的剪贴画。

④ 单击"页眉和页脚工具"选项卡下的"转到页脚"按钮,切换到页脚区中,页脚的设置方法与页眉相同。

⑤ 单击"页眉和页脚工具"选项卡下的"关闭页眉和页脚"按钮,返回到正文编辑状态。

(2) 对于双面打印的文档,请设置奇偶页不同的页眉和页脚。

操作步骤如下。

① 双击页眉区或页脚区,进入页眉或页脚编辑状态,并显示"页眉和页脚工具"选项卡的"设计"页。

② 选中"选项"命令组内的"奇偶页不同"复选框。

③ 此时,在页眉区的顶部显示"奇数页页眉"字样,可以根据需要创建奇数页的页眉。

④ 单击"页眉和页脚工具"选项卡的"设计"页下"导航"命令组中的"下一节"按钮,在页眉的顶部显示"偶数页页眉"字样,可以根据需要创建偶数页的页眉。如果要创建偶数页的页脚,可以单击"页眉和页脚工具"选项卡的"设计"页下"导航"命令组中的"转至页脚"按钮,切换到页脚区进行设置。

⑤ 设置完毕后,单击"页眉和页脚工具"选项卡的"设计"页下"关闭"命令组中的"关闭页眉和页脚"按钮。

(3) 请对 Word 2010 的文档进行打印之前的页面设置。

操作步骤如下。

页面设置是指对页边距、纸张、版式等进行设置。

① 切换到功能区中的"页面布局"选项卡,在"页面设置"命令组中单击"页边距"按钮,从弹出的菜单中选择页边距的格式。

② 如果选择"自定义边距"命令,将启动"页面设置"对话框,在该对话框中进行设置。

③ 在"页面设置"对话框的"页边距"选项卡下,对页边距参数进行相应的设置。

(4) 用自动创建表格的方法在 Word 2010 的文档中创建表格。

操作步骤如下。

① 将插入点置于文档中要插入表格的位置。

② 切换到功能区中的"插入"选项卡,在"表格"命令组中单击"表格"按钮,弹出插入表格的菜单。

③ 用鼠标在表格列表中拖动,以选择表格的行数和列数,同时在任意表格的上方显示相应的行列数。

④ 选定所需的行列数后,释放鼠标,即可得到所需的结果,同时功能区出现"表格工具"选项卡。

⑤ 在"表格工具"选项卡的"设计"页中,选择相应的命令按钮,对插入的空白表格进一步定义。

(5) 在 Word 2010 文档中插入剪贴画。

操作步骤如下。

① 将插入点定于要插入剪贴画的位置,切换到功能区中的"插入"选项卡,在"插图"命令组中单击"剪贴画"按钮,弹出"剪贴画"任务窗格。

② 在任务窗格的"搜索文字"框中输入剪贴画的关键字,若不输入任何关键字,Word 则会搜索所有的剪贴画。

③ 单击"搜索"按钮进行搜索,搜索的结果显示在任务窗格的结果区中。

④ 单击所需的剪贴画。

3.3 实 验 指 导

实验 1 文档的录入及编辑

一、实验目的

(1) 熟悉 Word 2010 的工作环境,掌握文档的创建、保存及打开。

(2) 掌握文本内容的选定及编辑。

(3) 掌握文本的查找、替换操作,了解英文单词的拼写校对功能。

(4) 掌握多个文档的操作方法,了解文档的不同显示方式。

二、实验内容

(1) 启动 Word 2010,在默认的"文档 1"中使用熟悉的输入法输入样张 3.1 文本内容,要求全部使用中文标点及半角英文,段首不要输入空格,一个段落完毕后按回车键,并以"W1_1.docx"为文件名保存在你的工作文件夹中。完成后关闭 Word 2010,并依据提示按要求保存文件。

样张 3.1

计算机的中央处理器(CPU)习惯上称为微处理器(Microprocessor),是微型计算机的核心。由运算器和控制器 2 部分组成:运算器(也称执行单元)是微机的运算部件;控制器是微机的指挥控制中心。随着大规模集成电路的出现,使得微处理器的所有组成部分都集成在一块半导体芯片上,目前广泛使用的微处理器有:Intel 公司的 Pentium Pro(高能奔腾)、Pentium MMX(多能奔腾)、Pentium Ⅱ(奔腾二代)、Pentium Ⅲ(奔腾三代)、Pentium Ⅳ(奔腾四代)、AMD 公司的 AMD K5、AMD K6、AMD K7 等。

微处理器的型号常常可代表主机的基本性能水平,决定微型机的型号和速度。微处理器的字长一般有 8 位、16 位、32 位、64 位等。

(2) 启动 Word 2010,创建另一个新文档,输入样张 3.2 文本内容,完成后选择"文件"选项卡下的"保存"命令以"W1_2.docx"为文件名保存文件,不关闭窗口。

样张 3.2

CPU 的性能指标有:CPU 的时钟频率称为主频,主频越高,则计算机工作速度越快;主板的频率称为外频;主频与外频的关系为主频＝外频×倍频数。

内部缓存(cache),也叫一级缓存(L1 cache)。这种存储器由 SRAM 制作,封装于 CPU 内部,存取速度与 CPU 主频相同。内部缓存容量越大,则整机工作速度也越快。容量单位一般为 KB。

二级缓存(L2 cache),集成于 CPU 外部的高速缓存,存取速度与 CPU 主频相同或与主板频率相同。容量单位一般为 KB~MB。

MMX(Multi-Media extension)指令技术,增加了多媒体扩展指令集的 CPU,对多媒体信息的处理能力可以提高 60% 左右。

3D 指令技术,增加了 3D 扩展指令集的 CPU,可大幅度提高对三维图像的处理速度。

(3) 在"W1_2.docx"原有内容最前面一行插入标题"微处理器",然后按原文件名保存。

(4) 选择"文件"选项卡下的"打开"命令,打开前面已创建的"W1_1.docx"文档;单击"开始"选项卡,在"编辑"命令组中单击"查找"命令,在弹出的对话框中将光标定位到"查找内容"文本框,输入文字"随着",单击"查找下一处"按钮,关闭"查找和替换"对话框;光标移动到"随着"前再按回车键。从此句开始,另起一段。

(5) 光标移到"随着……"的段尾,按 Delete 键后与下一段合并;再定位光标到原第 3 段的段首,按 Backspace 键,完成合并,试体会上两键的不同删除方式。

(6) 将"W1_2.docx"文档中的标题"微处理器"移动到"W1_1.docx"的最前面一行。在任务栏单击"W1_2.docx"文档的图标,选中标题,单击"开始"选项卡下"剪贴板"命令组中的"剪切"按钮;再选中"W1_1.docx"文档的图标,光标定位到插入的第一行,方法同第(2)步,单击"开始"选项卡下"剪贴板"命令组中的"粘贴"按钮。

(7) 在"W1_2.docx"中选择"开始"选项卡下"编辑"命令组中"选择"下拉菜单中的"全选"命令,然后单击"开始"选项卡下"剪贴板"命令组中的"复制"按钮;切换到"W1_1.docx"窗口,光标定位到文本末,单击"开始"选项卡下"剪贴板"命令组中的"粘贴"按钮;关闭"W1_2.docx"窗口,提示存盘对话框中选"否",不保存关闭"W1_2.docx"文档。

(8) 选定段落"微处理器的字长……",拖曳所选段落到文档最后松手。将原"W1_1.docx"文档中最后一个段落"微处理器的字长……"移动到现文档的最后作为末段落。

(9) 将文档中最后一次出现的"微处理器"文字用"CPU"文字替换。将光标定位到文档末,打开"开始"选项卡下"编辑"命令组中的"替换"按钮,弹出"查找和替换"对话框,在该对话框中的"查找内容"和"替换为"文本框中分别输入"微处理器"和"CPU",并在"更多"按钮下设置"搜索范围"向上,然后,单击"查找下一处"按钮,单击"替换"按钮。

(10) 利用"审阅"选项卡下"校对"命令组中的"拼写和语法"命令检查输入的中文和英文单词是否拼写错误。光标移到文本起始点,单击"拼写和语法"按钮,进行检查。

(11) 在"视图"选项卡的"文档视图"命令组中,以不同视图模式显示文档,观察不同视图模式下的文档。

(12) 单击"文件"选项卡下的"另存为"命令,在弹出的"另存为"对话框里输入"W1"的文件名并存盘退出。

实验 2　Word 2010 排版功能应用

一、实验目的
(1) 学习 Office 中的主要组件 Word 2010 的强大排版功能。
(2) 图、文、表联合使用,实现混排。
(3) 充分发挥每一位同学的才干,使用 Word 2010 排版体现自己的独到之处。

二、实验内容
参照给出的样张 3.3,实现以下排版功能。

（1）艺术字的设置（对象为标题）。

（2）字体的设置：字体、字号、字体的颜色和字符间距等的设置。

（3）段落的设置：首行缩进、段前、段后的间距、行间距。

（4）底纹的设置。（注意：针对段落和针对文字的差别。）

（5）分栏的设置。

（6）项目符号的设置。（注意：理解在项目符号中自定义的文字位置及符号位置等功能。）

（7）图片的插入。（注意：设置图片的大小及版式，理解图片各版式功能的区别。）

（8）按样张插入表格。（注意：行距及列宽的调整，单元格的合并、表格的边框线型的设置。）

难点是某一个单元格列宽的调整。

样张 3.3

实验 3　Word 2010 表格功能应用

一、实验目的

（1）学习和使用 Word 2010 的表格功能。

（2）每一位同学主动地学习和实践。

（3）掌握 Word 2010 的表格功能和制表的方法。

二、实验内容

在 Word 2010 下，设计一张工资情况表，参考样张 3.4。

要求完成的功能：每张工作表以月份为单位，包含每个人的工资详情。

主要的知识点：文字、数字等内容的录入，自动填充的功能，单元格的各项设置功能，工作表的增加及更名。

样张 3.4

实验 4　表格制作与修饰

一、实验目的

（1）进一步学习和掌握表格的创建方法、输入、编辑方法。

（2）掌握表格的格式化。

（3）表格的美化技术。

（4）非常规表格的制作。

二、实验内容

完成样张 3.5、样张 3.6 和样张 3.7 等表格，这些都是需要一定技巧制作的表格。

样张 3.5

样张 3.6

样张 3.7

课 程 表

时间 节 星期	上 午				下 午			
	1	2	3	4	5	6	7	8
星期一	线性代数		体育		普通物理			
星期二	Java 语言				哲学原理			
星期三	线性代数		Java 语言					
星期四	普通物理		大学英语				艺术教育	
星期五	线性代数				大学英语			

实验 5　公式编辑

一、实验目的

(1) 学习和使用 Word 2010 的公式编辑功能。

(2) 熟练应用编辑数学公式的方法。

(3) 掌握 Word 2010 的公式编辑方法和技巧。

二、实验内容

在编辑有关自然科学的论文时,经常会遇到各种数学公式。Word 提供的公式编辑器能以直观的操作方法帮助用户编辑各种数学公式。

这里首先做一个简单的求和公式来说明公式编辑器的用法,然后同学们编辑有比较复杂的数学或其他自然科学的公式的文档。

设有求和公式:
$$s(t) = \sum_{i=0}^{\infty} x_i^2(t)$$

操作步骤如下。

① 将光标定位在要插入公式的位置,打开功能区的"插入"选项卡,如图 3-1 所示。

图 3-1　"插入"选项卡

从右边"符号"命令组中的"公式"下拉菜单中选择要插入的公式;或者单击右边"符号"命令组中的"公式"按钮,进入公式编辑状态,单击"公式工具"选项卡,启动"公式工具"选项卡的"设计"页,如图 3-2 所示。

② 插入公式后,可以利用"公式工具"选项卡的"设计"页中的工具对公式进行编辑,如在公式中插入符号,或者利用"结构"命令组中的模板直接插入公式的模板。

③ 公式编辑完成后,单击公式外的位置退出公式编辑状态。

公式插入文档后,就成为一个整体。用鼠标单击公式,公式会被选中,可以对其进行复制、粘贴、删除等操作。用鼠标拖动公式周围的小框,可以改变公式的大小。如果要对公式进行重新编辑,只需要用鼠标双击该公式,就可以自动进入图 3-2 所示的公式编辑器的窗口,重新进行编辑。

图 3-2　"公式工具"选项卡的"设计"页

另外,再请编辑公式 $P(a \leqslant x \leqslant b) = \int_a^b f(x)\mathrm{d}x$。

实验 6　Word 2010 图文混排(一)

一、实验目的

(1) 掌握插入图片及设置对象格式的方法。

(2) 掌握艺术字的使用方法。

(3) 掌握文本框的使用方法。

(4) 了解绘制图形的操作方法。

二、实验内容

(1) 熟悉 Word 2010 各功能标签的选项卡组成元素即功能,并利用"插入"选项卡插入图片、剪贴画等。

(2) 完成下面的工作

在 Word 2010 的空文档中输入样张 3.8 文本,并保存为"W4_2.docx"。

将样张 3.8 排成样张 3.9 的操作步骤如下。

①打开文档 W4_2.docx,并设置页边距:上 2.8 厘米,下 3 厘米,左 3.2 厘米,右 2.7厘米。

②设置字体与字号:第 1 段与第 4 段为楷体,小四;其他段落字体为宋体,五号。

③设置段落缩进:正文各段首行缩进 1 厘米,左右各缩进 0.5 厘米。

④设置行(段)字距:第 1 段为段前、段后各 6 磅;第 3 段段前、段后各 3 磅;最后一段段前 6 磅。

⑤在"插入"选项卡中使用"艺术字"命令设置艺术字:将标题中的"生动有趣的动物语言"设置为艺术字。艺术字式样:第 1 行第 1 列。字体:黑体。艺术字形状:细上弯弧。为该艺术字插入图文框,图文框填充色:黑色。按样张适当调整艺术字的大小和位置。

⑥设置分栏格式:将正文第 3 段文字设置为 2 栏,加分隔线。

⑦设置边框和底纹,设置正文第 5 段底纹。图案式样:15％,边框为方框,应用于段落。

⑧插入图文框,宽度为 7.2 厘米,高度为 3.2 厘米,无线条颜色。

⑨插入图片,在图文框中插入一幅来自文件的图片。

⑩设置脚注。

⑪设置页眉/页码。给样张添加页眉文字，并插入页码等，生成样张 3.9。

样张 3.8

生动有趣的动物语言

人有人言，兽有兽语。

动物学家发现，猴子会使用不同的声音来报告不同敌人的来临。如遇见豹子，它们会发出狗吠似的"汪汪"声；看见秃鹰，就发出一声低沉的喉音；见到逼近的毒蛇，则发出急促的"嘶嘶"声。

大雁的语言重在音调的变化上。当雁群在茫茫月光下沉睡时，担任哨兵的大雁却睁大警惕的眼睛，并不时从喉管中发出迟钝的"嗒嗒"声，这是说：平安无事，安心睡吧！要是发现了不祥之物，它便马上发出尖锐的"叽叽"声，唤醒群雁，准备撤退。

更为奇妙的是，动物也有"方言土语"。鸟类学者研究发现，美国密执安湖畔的乌鸦就不能与意大利佛罗伦萨郊区的乌鸦通话；城市的乌鸦与农村的乌鸦互不理解对方的"话语"。

动物语言学在科技的许多领域中都是大有可为的。苏联的鸟类学家在森林中播送表示欢迎的鸟语，吸引了大批益鸟在林中定居；当成群结队禁捕的大海豚在渔轮周围嬉闹而影响作业时，一阵阵表示危险的"嘟嘟"语言传入水中，顷刻之间，捣蛋鬼们便统统逃之夭夭了！

样张 3.9

实验 7　Word 2010 表格制作

一、实验目的

（1）掌握表格的创建。

（2）熟练表格的编辑。

（3）掌握表格中的数据处理。

二、实验内容

1. 绘制规则表格

（1）启动 Word，新建空白文档，在其内插入一个表格，内容如样张 3.10 所示。

（2）插入表格的标题文字为"学生档案表"，字体为黑体，大小为三号，居中，与表格相隔 0.75 行。

（3）插入一个规则表格 6 行 7 列。

（4）输入表头信息（班级、学号、姓名、性别、年龄、寝室号、联系电话），字体大小为小四，加粗，居中。

（5）输入学生的信息，字体为宋体五号，对齐方式为水平居中。

（6）在学生档案表最后一行后插入 2 行，在第 7 行输入自己的信息。

（7）在表中"联系电话"后插入 2 列：家庭住址、家庭电话。

（8）把最后一行合并为一个单元格。

（9）把第 1 行与第 3 行对调，类似文本内容的互换。

（10）删除表中的空行。

（11）给表格设置红色的外边框（1.5 磅）和绿色的底纹。

（12）设置表格中的文本在水平方向上和垂直方向上都居中对齐。

（13）保存该表格文档在 E 盘下，命名为"W3.docx"。

样张 3.10

学生档案表

班级	学号	姓名	性别	年龄	寝室号	联系电话
护理 1901	01	冯文萍	女	19	1－201	13517333780
护理 1901	02	袁佳	男	18	2－201	13407336467
护理 1901	03	龙敏	男	19	2－202	13607333778
护理 1901	04	曹灿	男	19	2－204	13717338989
护理 1901	05	刘昱林	女	19	1－201	13617338785

操作提示：

（1）插入一个规则表格。选择"插入"选项卡"表格"组的"表格"按钮，选择"插入表格"命令，在弹出的"插入表格"对话框中，设置列数、行数，按最多的列、行数计。

（2）插入行。将鼠标移动到最后一行，在"表格工具"→"布局"选项卡中选择"行和列"组中的"在下方插入"选项。

（3）单元格合并。先选中要合并的单元格，在"表格工具"→"布局"选项卡中选择"合并"组中的"合并单元格"选项。

(4) 行数据互换:类似文本内容的互换。

(5) 删除空行:先选中要删除的单元格,在"表格工具"→"布局"选项卡中选择"行和列"组中"删除"下拉菜单中的"删除行"选项。

(6) 边框与底纹:选中表格,单击"表格工具"→"设计"选项卡"表格样式"组的"边框"按钮,在下拉菜单中单击"边框和底纹"命令,弹出"边框和底纹"对话框,在这里选线型、宽度,设置边框线。

(7) 对齐方式设置:选中表格,在"表格工具"→"布局"选项卡中选择"对齐方式"组的"水平居中"按钮。

2. 绘制非规则表格

(1) 打开 E 盘下文件"W3.docx",在"学生档案表"下方插入一个表格,内容如样张 3.11所示。

样张 3.11

个 人 简 历

姓名		性别		
出生年月		民族		
政治面貌		身体状况		
毕业学校		学历		
专业		籍贯		
电话		特长		
工作经验				
自我评价				

(2) 输入表格标题文字"个人简历",字体为黑体,大小为二号,居中。

(3) 插入一个规则表格 8 行 5 列。

(4) 通过合并和拆分单元格,将规则表格变成不规则表格,使之符合要求,并在表格中输入文字。

(5) 设置表格边框线:红色,1.5 磅。

(6) 设置文字中部居中。

(7) 将自己的相关信息填入表中。

(8) 保存文件。

三、实验要点指导

1. 创建表格

(1) 使用表格网格插入表格。使用表格网格插入表格是创建表格中最快捷的方法,适

用于创建行、列数较少,并具有规范的行高和列宽的简单表格。操作步骤如下:

①将插入点置于要创建表格的位置。

②单击"插入"选项卡下"表格"组中的"表格"按钮,在弹出的下拉面板中拖动鼠标选择网格。如果要创建一个 3 行 4 列的表格,可以选择 3 行 4 列的网格,此时,所选网格会突出显示,同时文档中也会实时显示出要创建的表格,如图 3-3 所示。

图 3-3　选择表格网格

(2) 使用"插入表格"对话框创建表格。

①将插入点置于要插入表格的位置。

②单击"插入"选项卡下的"表格"组中的"表格"按钮,在弹出的下拉面板中选择"插入表格"命令,如图 3-4 所示。

③弹出"插入表格"对话框,在"列数"和"行数"文本框中单击右边的上下箭头按钮,可以改变表格的列数及行数,也可以直接输入列数和行数,如图 3-5 所示。

图 3-4　"插入表格"下拉面板

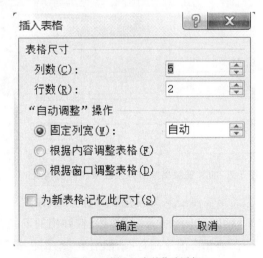

图 3-5　"插入表格"对话框

④在"自动调整"操作区中的3个选项中,选择一种定义列宽的方式。

⑤勾选"为新表格记忆此尺寸"复选框,该对话框中的设置将成为以后新建表格的默认值。

⑥单击"确定"按钮,在插入点位置插入一张空白表格。

(3)绘制表格。

①单击"插入"选项卡下的"表格"组中的"表格"按钮,弹出如图3-4所示的下拉面板,选择其中的"绘制表格"命令。

②将鼠标移到文档的编辑区中,鼠标指针将变成"笔"形,按住鼠标左键在编辑区中进行拖动,即可绘制出表格的外框。

③单击"绘制表格"按钮,使其呈按下状态。

④根据需要利用"笔"形指针在表格内绘制出横线、竖线或者斜线。

⑤要删除多余的线条,选择"表格工具"下的"设计"选项卡,如图3-6所示,在"绘图边框"组中单击"擦除"按钮。此时鼠标变成"橡皮"形状,单击要删除的线条,即可删除该线条。也可以使用鼠标框选住要擦除的多条线条,如图3-7所示。

图3-6 "表格工具"下的"设计"选项卡

⑥如果需要绘制斜线表头,则将插入点置于要绘制斜线表头的单元格中,然后选择"表格工具"下的"设计"选项卡,在"表格样式"组中单击"边框"按钮右侧的下拉按钮,在弹出的下拉菜单中选择"斜下框线",如图3-8所示,即可在单元格中绘制一条对角的斜线,如图3-7所示。

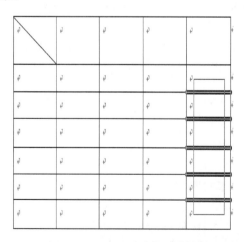

图3-7 框选住要擦除的多条线条和绘制斜线

图3-8 选择"斜下框线"

⑦如果需要绘制两条斜线的表头,则使用上述方法绘制了一条斜线后,再单击"插入"选项卡下"插图"组中的"形状"按钮,在弹出的下拉面板中选择"直线"样式,如图3-9所示。

⑧在单元格内绘制直线,然后在"绘图工具"→"格式"选项卡下将直线的"形状轮廓"设置为与表格的颜色相同即可,如图3-10所示。

(4)表格中文本的输入。要向表格中输入文本时,先要把插入点移动到要输入文本的

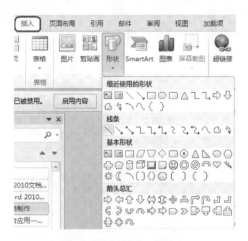

图 3-9　选择"直线"样式

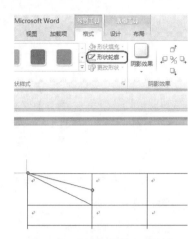

图 3-10　绘制直线并设置颜色

单元格内,用鼠标直接在要输入文本的单元格内单击,就可以把插入点移动到该单元格内。在表格中输入文本与在表格外的文档中输入文本一样,首先将插入点移到要输入文本的单元格内,然后输入文本。

2. 文本与表格之间的转换

(1) 将已有文本转换成表格。在 Word 中,可以将用逗号、制表符、空格、段落标记或其他特定字符隔开的文本转换为表格,具体操作步骤如下:

①打开文件,选中要转换的文本,如图 3-11 所示。

②单击"插入"选项卡下"表格"组中的"表格"按钮,在弹出的下拉面板中选择"文本转换成表格"命令,如图 3-12 所示。

图 3-11　选择要转换为表格的文本

图 3-12　选择"文本转换成表格"命令

③弹出"将文字转换成表格"对话框,在"列数"数值框中指定转换后表格的列数,如图 3-13 所示。

④在"自动调整"操作区,选择设置列宽的选项。

⑤在"文字分隔位置"选项区选择一种分隔符,用分隔符隔开的各部分内容分别成为相邻的各个单元格的内容。

⑥设置完成后单击"确定"按钮,效果如图 3-14 所示。

(2) 将表格转换成文本。选定要转换成文本的表格,单击"表格工具"→"布局"选项卡下"数据"组中的"转换为文本"按钮,将出现"表格转换成文本"对话框,如图 3-15 所示,设置以后即可将表格转换成文本。

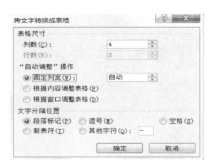

图 3-13 "将文字转换成表格"对话框

唐诗宋词

序号	诗名	作者	朝代
1	减字木兰花	李清照	北宋
2	天净沙	马致远	元朝
3	石灰吟	于谦	明朝
4	浪淘沙	龚自珍	清朝
5	独坐敬亭山	李白	唐朝

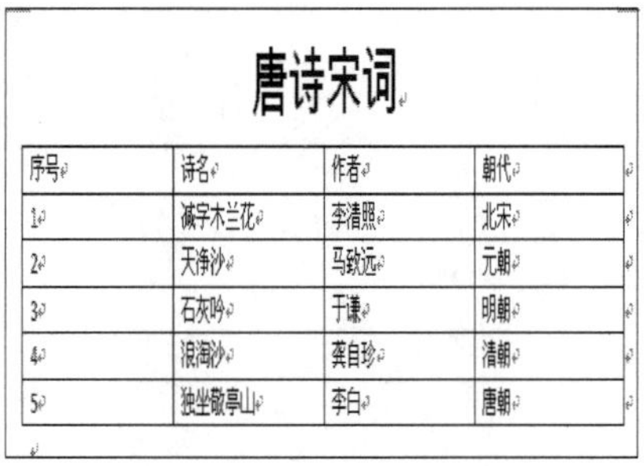

图 3-14 将文本转换成表格

3. 编辑与修改表格

(1) 插入行、列或单元格。

①插入行或列。

方法 1:将光标置于表格内要插入行位置的任一单元格中,选择"表格工具"下的"布局"选项卡,在"行和列"组中选择相应的操作,如图 3-16 所示。

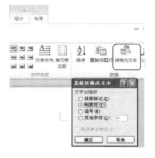

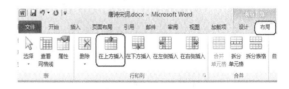

图 3-15 "表格转换成文本"对话框

图 3-16 "行和列"组

方法 2:选定一单元格,单击鼠标右键,在弹出的快捷菜单中选择"插入",在其子菜单中选择相关选项,即可在选定单元格的相应位置插入一行或列。

方法 3:将插入点移到任一行最后一个单元格的右外侧,按【Enter】键(如果是最后一行,也可按【Tab】键),都可以在下一行插入一行空行。

②插入单元格。

●将光标置于表格内要插入单元格位置的任一单元格中。

●选择"表格工具"下的"布局"选项卡,在"行和列"组中单击右下角的按钮,弹出"插入单元格"对话框,如图 3-17 所示。

●在"插入单元格"对话框中,选择插入单元格的方式。

●单击"确定"按钮,即可插入一单元格。

(2) 删除行、列或单元格。

①选定要删除的行、列或单元格。

②选择"表格工具"下的"布局"选项卡,在"行和列"组中单击"删除"级联菜单中的"删除行"、"删除列"或"删除单元格"命令。如果是删除单元格,还会弹出如图 3-18 所示的对话框,选择删除单元格的方式,单击"确定"按钮即可。

(3) 合并与拆分单元格。

①合并单元格。操作步骤如下:

●选定要合并的多个单元格。

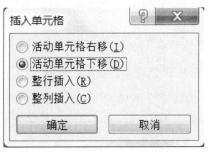

图 3-17　"插入单元格"对话框　　　　　　　图 3-18　"删除单元格"对话框

●选择"表格工具"下的"布局"选项卡,在"合并"组中单击"合并单元格" 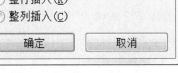按钮,或在选中的单元格上右击,在弹出的快捷菜单中选择"合并单元格"命令。

②拆分单元格。操作步骤如下:

●选定要拆分的一个或多个单元格。

●选择"表格工具"下的"布局"选项卡,在"合并"组中单击"拆分单元格" 拆分单元格按钮,或在选中的单元格上右击,在弹出的快捷菜单中选择"拆分单元格",打开如图 3-19 所示的对话框。

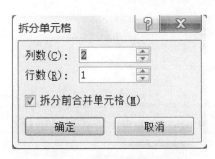

图 3-19　"拆分单元格"对话框

●设置拆分的行数和列数,单击"确定"按钮。

(4) 合并与拆分表格。

①合并表格:选中上、下两个表格之间的段落标志 ↵ ,按【Delete】键,就可以将上、下两个表格合并成一个表格。

②拆分表格:将插入点置于要拆分的某一个单元格中,该行将成为拆分后的新表格的第一行。选择"表格工具"下的"布局"选项卡,在"合并"组中单击"拆分表格"按钮 ,即可将表格拆分成两部分。

(5) 表格标题行的重复。当一张表格超过一页时,通常希望在第二页的续表中也包括表格的标题行。Word 提供了重复标题行的功能,具体操作如下:

①选定第一页表格中的一行或多行标题行。

②选择"表格工具"→"布局"选项卡下"数据"组中的"重复标题行"按钮。

在页面视图下可以查看因为分页而拆开的续表中重复表格的标题行效果。

(6) 删除表格。将插入点移到表格内任意位置,单击"表格工具"下的"布局"选项卡中的"行和列"组的"删除"按钮,选择"删除表格"即可。

4. 表格格式化

(1) 缩放表格。缩放表格是指调整表格的大小,可以直接利用鼠标来缩放表格。当鼠标经过表格时,表格的右下角就会出现一个调整句柄。拖动该句柄,调整表格到合适大小后,释放鼠标即可。

(2) 调整表格行高、列宽。

①将鼠标指针移到表格的竖线或横线上,直到鼠标指针变成左、右指向 ◀‖▶ 或上、下指向 ↕ 的分裂箭头形时,向左或向右、向上或向下拖动虚线至合适位置。

②将插入点移到表格内任意位置,单击"表格工具"下"布局"选项卡中的"单元格大小"组的"自动调整"按钮,在弹出的菜单中根据需要选择一种调整方式。

③将插入点移到表格内任意位置,单击"表格工具"下"布局"选项卡中的"单元格大小"组右下角箭头,弹出"表格属性"对话框,如图 3-20 所示。在"行"和"列"两个选项卡中可以精确设置行高和列宽。

图 3-20 "表格属性"对话框"行"选项卡

(3) 设置表格及表格中文本的格式。

①设置表格格式的操作步骤如下:

●选定要排版的表格,选择"表格工具"的"布局"选项卡"表"组中的"属性"按钮,出现"表格属性"对话框,如图 3-21 所示。

●在"对齐方式"框中选择所需的表格在文稿中的对齐方式。

●在"文字环绕"框中选择所需的表格在文稿中的文字环绕方式。

②设置表格中文本的对齐方式。操作步骤如下:

●设置"垂直对齐方式":选中表格后选择"表格工具"的"布局"选项卡下"表"组中的"属性"按钮,出现"表格属性"对话框,选择"单元格"选项卡,如图 3-22 所示,在"垂直对齐方式"框中选择所需的方式即可。

●设置"文字方向":选中表格后选择"表格工具"的"布局"选项卡下"对齐方式"组中的"文字方向"按钮,如图 3-23 所示,或选中单元格后,单击鼠标右键,在弹出的快捷菜单中选择"文字方向",出现"文字方向－表格单元格"对话框,如图 3-24 所示,在"方向"框中单击所需的文字方向。

另外,用户也可以在选定单元格后,在"表格工具"的"布局"选项卡下"对齐方式"组中如图 3-25 所示处选择一种对齐方式。

(4) 边框和底纹。表格做好以后,可以对表格进行美化处理,给表格增加各种颜色的边框和底纹,操作方法如下:

图 3-21　"表格属性"对话框

图 3-22　"单元格"选项卡

图 3-23　"对齐方式"组

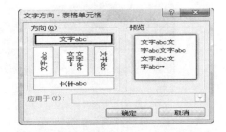

图 3-24　"文字方向-表格单元格"对话框

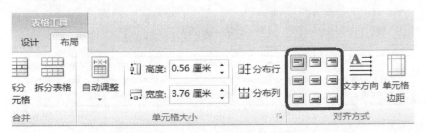

图 3-25　"对齐方式"组中的对齐方式

①选定添加边框和底纹的对象：整个表格或部分单元格。

②切换到"表格工具"的"设计"选项卡，选择"表格样式"组中的"边框"按钮，单击"边框和底纹"命令，弹出"边框和底纹"对话框。

③单击"边框"选项卡来为表格添加边框，从"样式"、"颜色"和"宽度"列表框中选出要添加边框的线型、颜色和边框宽度；单击"底纹"选项卡来为表格添加底纹，在"填充"列表框中选出底纹的填充颜色。

④在"预览"下面查看设置的效果，在"应用于"列表框中选出应用边框和底纹的范围，即文字、段落、表格或单元格，然后单击"确定"按钮来完成设置。

实验 8　Word 2010 图文混排(二)

一、实验目的

(1)掌握各种类型图片插入的方法。

(2)掌握艺术字、文本框的插入方法。

(3)掌握图文混排的排版方法。

二、实验内容

1. 图文并茂的制作样文 1

参考样张 3.12,实现以下排版功能。

样张 3.12

鸟类的飞行

任何两种鸟的飞行方式都不可能完全相同,变化的形式千差万别,但大多可分为两类。横渡太平洋的船舶一连好几天总会有几只较小的信天翁伴随其左右,它们可以跟着船飞行一个小时而不动一下翅膀,或者只是偶尔抖动一下沿船舷上升的气流以及与顺着船只航行方向流动的气流产生的足够浮力和前进力,托住信天翁的巨大翅膀使之飞翔。

信天翁是鸟类中滑翔之王,善于驾驭空气以达到目的,但若遇到逆风则无能为力了。在与其相对的鸟类中,野鸭是佼佼者。野鸭与人类征服天空的发动机有点相似。野鸭及与之相似的鸽子,其躯体的大部分均长着坚如钢铁的肌肉,它们依靠肌肉的巨大力量挥动短小的翅,迎着大风长距离飞行,直到筋疲力竭。它们中较低级的同类,例如鹬鸪,也有相仿的顶风飞翔的冲力,但不能持久。如果海风迫使鹬鸪作长途飞行的话,你可以从地上拣到因耗尽精力而堕落地面的鹬鸪。

燕子在很大程度上则兼具这两类鸟的全部优点。它既不易感到疲倦也不自夸其飞翔力,但是能大显身手,往返于北方老巢飞行6000英里,一路上喂养刚会飞的雏燕,轻捷穿行于空中。即使遇上顶风气流,似乎也能助上一臂之力,飞越而过,御风而驰。

(1) 打开文件"W4. docx"。

(2) 插入艺术字"鸟类的飞行"作为标题。

(3) 将图片"信天翁. jpg"插入文档第一段左边并调整大小。

(4) 将正文第一段文字添加底纹。

(5) 将正文第二段分两栏,并添加分隔线。

(6) 将正文第二段设置首字下沉。

(7) 将正文第二段最后两个字"鹬鸪"添加拼音并设置为红色。

(8) 在正文第二段中插入自选图形" ",设置线条和填充颜色均为深蓝,淡色 60%,并将其版式设置为"衬于文字下方"。

(9) 将正文最后一段字体设置为"华文隶书"并给本段添加深红色、1.5 磅宽度的边框线。

(10) 将文档另存为"图文混排. docx"。

操作提示:

(1) 插入艺术字。单击"插入"选项卡下"文本"组中的"艺术字"按钮 艺术字,在弹出的下拉列表中选择一种艺术字式样。

(2) 插入图片。单击"插入"选项卡下"插图"组中的"图片"按钮,在弹出的对话框中选择图片文件,将其插入文档中,单击图片后右击鼠标,在弹出的快捷菜单中选择"设置图片格式"命令进行图片大小和版式等的设置。

(3) 分栏。单击"页面布局"选项卡下"页面设置"组中的"分栏"按钮,在弹出的下拉列表中选择"更多分栏",打开如图 3-26 所示的"分栏"对话框。

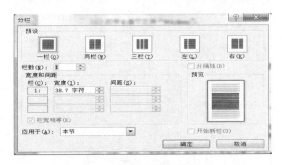

图 3-26 "分栏"对话框

（4）首字下沉。将插入符置于需要设置的段落之前,单击"插入"选项卡下"文本"组中的"首字下沉"按钮,在弹出的下拉菜单中选择"首字下沉选项"命令进行设置。

（5）插入自选图形。单击"插入"选项卡下"插图"组中的"形状"按钮,在弹出的下拉菜单中选择相应形状的图形,将其插入文本中,单击图形后右击鼠标,在弹出的快捷菜单中选择"设置图片格式"命令进行颜色、大小与版式等的设置。

2. 图文并茂的制作样文 2

打开 E 盘下文件"W5. docx",请学生按照样张 3. 13 设置效果进行操作,具体内容可更改。

样张 3.13

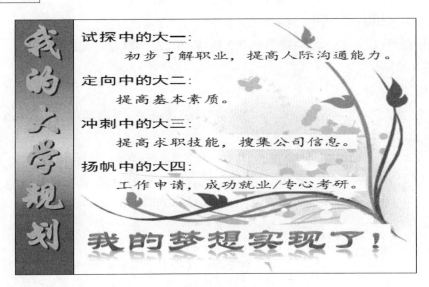

三、实验要点指导

1. 绘制图形

①单击"插入"选项卡下"插图"组中的"形状"按钮,在弹出的下拉菜单中,如图 3-27 所示,选择所需形状,如选择"星与旗帜"中的"波形"。

②将"十"字形的鼠标指针移至需要绘制图形的位置,按住左键拖动鼠标,便画出了相应的几何图形。

此时,Word 2010 功能选项卡区会显示"绘图工具"工具栏,如图 3-28 所示。

图 3-27　"形状"下拉菜单

图 3-28　"绘图工具"工具栏

③选中图形,单击"插入"选项卡下"文本"组中的"文本框"按钮。

④选中图形,右击鼠标,在快捷菜单中选择"添加文字"命令,输入文字即可。

2. 插入图片

(1) 插入剪贴画。

①单击"插入"选项卡下"插图"组中的"剪贴画"按钮，弹出"剪贴画"任务窗格,如图 3-29 所示。

②在"搜索文字"文本框中输入需要查找的内容,单击"搜索"按钮,在下方列表框中选中需要的剪贴画图标。

③单击该剪贴画右侧的下拉按钮,在弹出的下拉菜单中选择"插入"命令即可。

(2) 插入图片。

①单击"插入"选项卡下"插图"组中的"图片"按钮,弹出"插入图片"对话框,如图 3-30 所示。

②在"插入图片"对话框中,选择要插入文档中的图片。

③单击"插入"按钮右侧的下拉按钮,在弹出的下拉菜单中选择一种插入方式,如图 3-31 所示。

(3) 插入艺术字。

①单击"插入"选项卡下"文本"组中的"艺术字"按钮

图 3-29　"剪贴画"任务窗格

艺术字，在弹出的下拉列表中选择一种艺术字样式,如图 3-32 所示。

②在"请在此放置您的文字"文本框中输入文字,并利用"绘图工具"下"格式"选项卡中

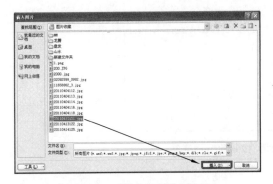

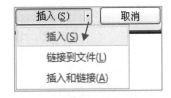

图 3-30　"插入图片"对话框　　　　图 3-31　插入方式下拉菜单

的"艺术字样式"组，设置艺术字的样式、填充颜色和轮廓颜色等。

（4）插入文本框。插入文本框有如下两种方法：

①单击"插入"选项卡下"文本"组中的"文本框"按钮，在弹出的下拉列表中选择一种文本框样式，如图 3-33 所示。

如要文字竖排效果，可在"绘图工具"的"格式"选项卡下"文本"组中选择"文字方向"。

②单击"插入"选项卡下"文本"组中的"文本框"按钮，在弹出的下拉列表的下端选择"绘制文本框" 或"绘制竖排文本框" ，如图 3-33 所示。

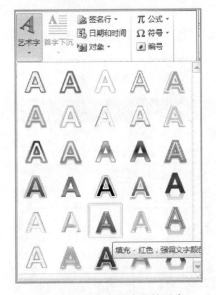

图 3-32　艺术字样式下拉列表　　　　图 3-33　文本框下拉列表

将鼠标指针移至需要插入文本的位置，按住左键并拖动鼠标至另一点，释放左键后，即可插入一个文本框。在文本框中输入文本，并通过"绘图工具"下的"格式"选项卡来设置文本格式。

3. 编辑图形

（1）改变图形的叠放次序。

①鼠标指针指向图形变成 形状时，单击鼠标左键选中图形。

②选择"图片工具"下的"格式"选项卡，单击"排列"组中的"位置"按钮，或在选定的图形上单击鼠标右键，在弹出的快捷菜单中选择"置于顶层"或"置于底层"命令，弹出级联菜单，

如图 3-34 所示。选择级联菜单中相应的命令,如"上移一层"等。

图 3-34 "绘图"按钮的下拉菜单

(2) 多个图形的组合。

①单击"开始"选项卡下"编辑"组中的"选择"按钮,在下拉列表中选取"选择对象"命令 。

②将鼠标指针移到所有要组合图形的左上角,按住左键拖动经过所有需要组合的图形。

③跳转到"图片工具"下的"格式"选项卡,单击"排列"组中的"组合"按钮,从弹出的下拉菜单中选择"组合"命令即可。

利用"组合"按钮的下拉菜单中的"取消组合"命令可取消图形的组合。另外,也可以按住【Ctrl】键逐个单击多个图形同时选中它们。

4. 图文混排

(1) 首字下沉。

①将插入符置于段落前,单击"插入"选项卡下"文本"组中的"首字下沉"按钮,在弹出的下拉菜单中选择"首字下沉选项"命令,如图 3-35 所示。

②弹出"首字下沉"对话框,如图 3-36 所示,在"位置"选项区按需要选择下沉方式。

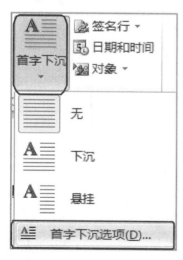

图 3-35 "首字下沉"下拉菜单

图 3-36 "首字下沉"对话框

③在"选项"区域中,按需要设置下沉字体的字形、下沉行数及缩进距离。

设置完成后,单击"确定"按钮即可。

(2) 插入水印。打开文档后,单击"页面布局"选项卡下"页面背景"组中的"水印"按钮,在弹出的下拉面板中选择所需的水印,如图 3-37 所示,完成后即可为文档添加水印背景。

还可以设置自定义水印,操作步骤如下:

①单击"页面布局"选项卡下"页面背景"组中的"水印"按钮,在弹出的下拉面板中,选择

下端的"自定义水印"命令,如图 3-37 所示。

②弹出"水印"对话框,如图 3-38 所示,选中"文字水印"单选按钮,然后输入水印文字;在"版式"中选择"斜式"或"水平";在"字体"、"字号"及"颜色"中,设置水印格式;勾选"半透明"复选框,可以设置水印在文档中显现为半透明效果。

图 3-37　选择内置水印

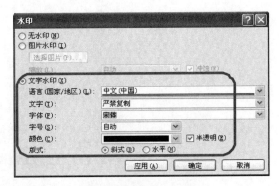

图 3-38　"水印"对话框

③设置完成后,单击"应用"按钮,然后单击"确定"按钮即可。

在"水印"对话框中,如果选中"图片水印"单选按钮,再单击"选择图片"按钮,可以将图片作为水印插入文档中。

单击"页面布局"选项卡下"页面背景"组中的"水印"按钮,选择下拉面板下端的"删除水印"命令,可以删除水印。

3.4　一个实用技术——邮件合并与打印

在工作或生活中,我们常常遇到这样的情况:需要向指定的一批人发送同内容的文档,在每份文档中只是名字、职位或其他某些信息不相同,如邀请函、工资表、学生成绩单等。

这类文档的特点是文档的主体内容相同,只是部分数据信息不同。使用邮件合并功能,就可以非常轻松地做好这份工作。邮件合并的原理是将发送的文档中相同的部分保存为一个文档,称为主文档,将不同的部分保存成另一个文档,称为数据源。

邮件合并的操作,主要就是主文档和数据源的创建,这两个文件创建好后,操作就变得异常轻松了,邮件合并的操作分三步完成。下面以某个邀请函为例,对邮件合并进行操作演示。

1. 在主文档中打开数据源

首先我们在主文档中打开数据源文件,使二者联系起来。具体操作步骤如下。

(1) 打开主文档,在功能区中选择"邮件"选项卡,单击"开始邮件合并"命令组中的"选择收件人"按钮,在弹出的列表中选择"使用现有列表"命令,启动"选取数据源"对话框。

(2) 在"选取数据源"对话框中,在"文件名"文本框中定义好 Excel 数据源文件,如图 3-39所示。

(3) 单击"打开"按钮,弹出"选择表格"对话框,选择 Excel 工作表,如图 3-40 所示。

(4) 单击"确定"按钮后就打开了数据源文件。此时"编辑收件人列表"按钮变为可用。

(5) 要编辑收件人列表,可以单击"开始邮件合并"命令组中的"编辑收件人列表"按钮,启动"邮件合并收件人"对话框,如图 3-41 所示。

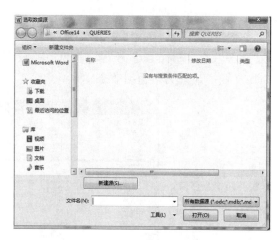

图 3-39 "选取数据源"对话框

图 3-40 "选择表格"对话框

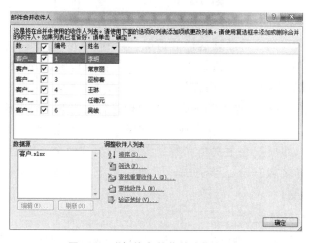

图 3-41 "邮件合并收件人"对话框

（6）在"邮件合并收件人"对话框中,除了列出每一条记录外,还可以让用户使用字段名称进行排序。

2. 插入合并域

数据源添加成功后,接着要在主文档中添加邮件合并域。所谓的合并域,就是指数据源中会变化的一些信息,插入合并域就是把数据源中的信息添加到主文档中,如在图 3-41 中,我们将数据源中的"编号"和"姓名"信息添加到主文档中。具体操作步骤如下。

（1）将光标定位到需要添加合并域的位置。

（2）在功能区中选择"邮件"选项卡，打开"编写和插入域"命令组中的"插入合并域"列表，如图 3-42 所示，在列表中选择"编号"域。

（3）重复以上操作，分别将所有的合并域插入到相应的位置。

这样，在主文档和数据源文件之间就建立起了数据的链接。

3．合并数据源与主文档

最后一步为合并操作，为每个数据记录创建一个独立邀请函。操作步骤如下。

（1）在功能区选择"邮件"选项卡，在"完成"命令组中打开"完成并合并"下拉列表，在其中选择"编辑单个文档"命令，如图 3-43 所示。

图 3-42　"插入合并域"列表　　　图 3-43　"完成并合并"下拉列表

（2）弹出"合并到新文档"对话框，在其中选择合并记录的范围，如选中"全部"单选项，表示对所有记录进行合并操作。

（3）单击"确定"按钮后即可生成一个新的文档，在其中显示了各个邀请函的效果，最后我们就可以将它保存并打印出来了。

3.5　操　作　题

（1）用 Word 制作一份如图 3-44 所示的"菜谱"Word 文档。按要求设置项目符号和编号：

- 1 级编号对齐方式：左对齐，对齐位置：0 厘米，文字缩进位置：1 厘米。
- 2 级编号对齐方式：左对齐，对齐位置：1 厘米，文字缩进位置：2 厘米。

章鱼瘦肉汤的菜谱

一　选料
　　I）干莲子 80 克，陈皮 1 克，黑豆 80 克，干章鱼 1 条，瘦肉 300 克，生姜 1 小块，盐少许。
二　制法
　　I）章鱼用清水泡软，和瘦肉一起用开水炙烫。
　　II）锅内注入适量清水和所有材料，煮滚后改小火煲 2 小时。
　　III）用适量的盐调味。
三　功效
　　I）章鱼含有丰富的蛋白质、矿物质等营养元素，并富含抗疲劳、抗衰老，能延长人类寿命等重要保健因子———天然牛磺酸。
　　II）一般人都可食用，尤适宜体质虚弱、气血不足、营养不良之人食用；适宜产妇乳汁不足者食用。

图 3-44　操作题 1

（2）用 Word 编辑一篇文档，要求如下。

- 启动 Word 2010，创建一篇新文档，使用五笔字型输入法输入图 3-45 所示的文字。

- 将标题设为黑体、三号、加粗,居中对齐。
- 将所有正文段落设为首行缩进 2 个字符,宋体、小四号,1.5 倍行距。
- 将文档保存为"祝酒词.docx"保存到桌面上。

祝··酒··词

各位来宾、朋友们:

晚上好!"芙蓉之秋服装展览会"今天开幕了。今晚,我们有机会同各界朋友欢聚蓉城,感到十分的荣幸。在此,我代表芙蓉集团,以东道主的身份,对今晚出席晚宴的各位来宾朋友们表示衷心的感谢!

"有朋自远方来,不亦乐乎"。展览会开幕之后,我们期待四方来宾、各界朋友予以更多的支持、关心、重视和理解。同时也希望芙蓉集团全体职员要强化管理,热忱服务,尽心尽力把这次展览会办好。

服装业是艺术与生活相融的产业,是兴旺发达的事业。本次展览会的开幕为中国服装业进一步走向世界提供了新的契机。

现在,让我们举起手中的酒杯,为芙蓉之秋服装展览会取得圆满成功干杯!

图 3-45　操作题 2

(3) 用 Word 制作一份工作计划,保存到桌面上,文件名为"工作计划.docx"。具体要求如下:

- 启动 Word 2010,创建一篇新文档,使用五笔字型输入法输入图 3-46 所示的文字。

兴旺造纸厂 2020 年质量工作计划

随着我国经济体制改革的深入和经济的发展,企业的外部环境和条件发生深刻的变化,市场竞争越来越激烈,质量在竞争中的地位越来越重要。企业管理必须以质量管理为重点,提高产品质量是增强竞争能力、提高经济效益的基本方法,是企业的生命线。2020 年是我厂产品质量升级、品种换代的重要一年,特制订本计划。

A. 质量工作目标

一季度增加 2.5 米大烘缸一口,扩大批量,改变纸面湿度。

二季度增加大烘缸轧辊一根,进一步提高纸面的平整度、光滑度,要求引项指标达到 QB 标准。

三季度加快工作进度,增加员工,并为员工提供培训。

四季度发展工艺流程,实现里浆分道上浆,使挂面纸板达到省内同行业先进水平。

B. 质量工作措施

强化质量管理意识,进行全员质量教育,培养质量管理骨干,使广大职工提高认识,管理人员方法得当。

成立以技术厂长为首的技术改造领导小组,主持为提高产品质量以及产品升级所需设备、技术改造工作负责各项措施的布置、落实和检查工作。

由上而下建立好质量保证体系和质量管理制度,把提高产品质量列入主管厂长、科长及技术人员的工作责任,年终根据产品质量水平结算奖金,执行奖金奖惩办法。

本计划已纳入 2020 年全厂工作计划,厂部负责检查监督,指导实施,各部门、科室要协同、配合,确保本计划的圆满实现。

兴旺造纸厂
2020 年 1 月 5 日

图 3-46　操作题 3

- 将标题设为黑体、二号，居中对齐。
- 将所有正文段落设为首行缩进 2 个字符，宋体、小四号。
- 为 A、B 两个小标题添加下划线，最后一段添加默认的底纹。
- 文档最后的落款采用右对齐。
- 将文档保存到桌面上，文件名为"工作计划.docx"。

（4）用 Word 制作一份财务收支计划，保存到桌面上，文件名为"财务收支计划.docx"。

- 标题为黑体、四号，居中对齐。
- 所有段落首行缩进 2 个字，第二段字号为小四号，添加默认底纹。
- 在正文下方绘制如图 3-47 所示表格，并对表格进行单元格合并等操作，输入表格文字。
- 将落款段落设为右对齐。

财务收支计划

在 2019 年度的工作中，在公司全体员工的齐心努力下，通过开源节流、降低成本、提高效率，按计划完成了本年度的各项生产指标和财务指标。

销售总额：7600 万元，同期增长 12%。

2020 年，随着市场竞争的加剧，我公司需不断革新技术、创新产品、提高质量、开拓市场。为此，特制订 2020 年度财务收支计划。

各项财务指标表

	项目	金额
全年产品销售	产品销售收入	
	销售成本	
	销售费用	
	销售税金	
	税金	
	利润	
	其它销售利润	
	营业外支出	
	利润总额	
	利润率	

成文办公用品销售公司
2020 年 1 月 1 日

图 3-47　操作题 4

（5）用 Word 制作图 3-48 所示的表格。

差旅费报销单

报销单位		姓名		职别		级别		出差地	
出差事由		日期	自　年　月　日到　年　月　日共　天						
项目	交通工具				住宿费		伙食补贴	其他	
	飞机	火车	轮船	汽车					
金额									
总计金额（大写）:									
详细路线及票价									
主管人		出差人		经手人					

图 3-48　操作题 5

(6) 使用 Word 2010 编辑已有的素材文档"文件管理制度.docx",具体要求如下：

• 启动 Word 2010,打开素材文档"文件管理制度.docx",设置上、下、左、右页边距均为 2 厘米。

• 打开样式和格式任务窗格,修改样式,使样式 1、样式 2 和样式 3 的"样式基于"都为"无样式",样式 1 居中显示,样式 3 字号为四号。

• 修改正文样式,使其段落格式为"首行缩进,2 字符",行距为"1.5 倍行距"。

• 为文档内容应用修改好的样式,效果如图 3-49 所示。

文件管理制度

（一）总则

第一条 发文数量管理

为减少发文数量,提高办文速度和发文质量,充分发挥文件在各项工作中的指导作用,根据区建设局关于文书处理的有关规定,结合我单位的实际情况,特制定本制度。

第二条 文件管理内容

主要包括：上级函、电、来文,同级函、电、来文,本单位上报下发的各种文件、资料。

第三条 党政分工的原则

本单位各类文件（党支部和行政）统一由办公室归口管理。

（二）收文的管理

第四条 公文的签收

1. 单位所有文件（除领导订启的外）均由收发员（文书）登记签收、拆封（由上级或邮电局机要通讯员直送的机要文件除外）。在签收和拆封时,收发员（文书）需注意检查封口,对开口和邮票撕毁函件应查明原因。

2. 对上级部门发来的文件,要进行文件、文号、机要编号的核定,如果其中一项不对口,应立即报告上级部门,并登记差错文件的文号。

图 3-49 操作题 6

(7) 用 Word 制作并排版一篇宣传文档,参考效果如图 3-50 所示,具体要求如下：

• 将页面大小设为 A4,先输入文档中相关的文字内容。

• 标题为艺术字,为下面的前 4 个段落添加项目符号,1.5 倍行距。

• 为倒数第 2 段添加段落底纹。

• 插入剪贴画,并设置其环绕方式。

• 为整个页面设置虚线页面边框。

图 3-50　操作题 7

（8）用 Word 制作一篇学校简介文档，参考效果如图 3-51 所示，具体要求如下：

· 启动 Word 2010，新建一篇空白文档，输入如图 3-51 所示的文档内容。

· 对文档内容进行字符和段落格式设置，标题为隶书、一号、加粗，并加下划线；正文宋体、11.5；最后一段楷体，所有段落首行缩进 2 字符。

· 最后一段添加段落边框效果。

· 在文档中插入提供的"风景.jpg"图片素材，并进行图文混排。

学校简介

学校占地面积六千三百二十七平方米，学校现有九个班级，其中幼儿大小班各一个，学生三百余人，学校"四率"达百分之百。教师十三人，其中幼儿教师2人，教师中大专生一人，中师五人，高中生五人，获得小学高级职称的一人，小学一级职称的七人，教师学历达标率百分之百。近年来在教育教学中卓有成绩的三十多人（次）曾受到乡党委、政府的表彰奖励。学校在上级教育行政部门的领导下，在全体教师的共同努力下，形成了"团结奋进，廉洁奉公"的领导作风，"教书育人，开拓创新"的校风；"循循善诱，诲人不倦"的教风，"勤奋刻苦，善思好问"的学风。

学校始终把教育工作放在学校工作的首位，不断加强和改善德育工作。形成了学校教导处主要抓，班主任、少先队具体抓，课任教师配合抓的德育工作网络。学校开展的"校里当个好学生，家里做个好孩子"活动；少先队组织的每周"一歌一稿件"活动；各年级的班主题活动，丰富了校园文化生活，陶冶了学生的思想情操，促进了精神文化建设，使德育工作常抓常新。

> 学校始终全面贯彻党的教育方针，全面提高教学质量。以教学工作为中心，狠抓教学常规管理；教学档案齐全规范，规章制度健全而科学；从应试教育转向素质教育；教学质量始终处于领先地位，在历次的教委、学区抽考中成绩名列前茅。一九九二年学校被评为双树学区教育常规管理先进学校。

图 3-51　操作题 8

（9）根据提供的"景点图片"文件夹和"景点介绍.txt"文本文件，制作一个"旅游项目简介.docx"文档，具体要求如下。

· 标题格式为方正楷体简体、小初、加粗、居中，颜色为海绿，项目标题格式为华文行楷、四号，颜色为红色，内容格式为华文行楷、五号。

- 纸张方向为横向,上、下、左、右页边距均为 2.5 cm。
- 内容置于文本框中,文本框的边框为虚线。
- 图片的位置格式为"四周型环绕",调整图片和文本框,使效果如图 3-52 所示。

图 3-52　操作题 9

(10) 启动 Word 2010,打开"招标方案.docx"文档,然后完成以下文档编辑要求。

- 对标题应用自带的标题 1 样式,对下面的各级小标题应用标题 2 样式,并修改样式,使其居中对齐。
- 对部分标题的内容设置编号与项目符号样式。
- 添加页眉,内容为"招标方案"。
- 在文档最后插入文档的 1、2 级目录索引,编辑后的文档效果如图 3-53 所示,并以"编辑招标方案.docx"为文件名保存到桌面上。

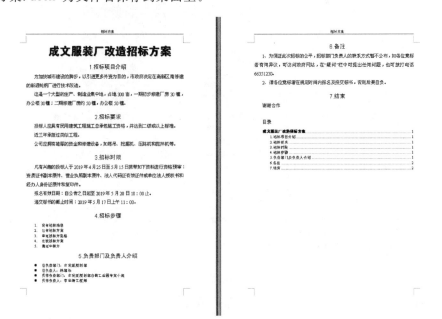

图 3-53　操作题 10

(11) 用 Word 制作一宣传海报,其效果如图 3-54 所示。

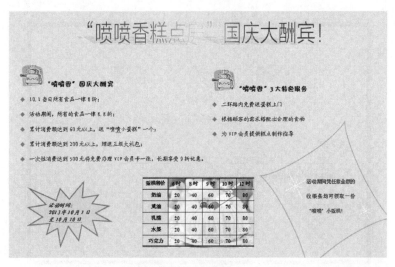

图 3-54　操作题 11

（12）用 Word 制作并排版一篇宣传文档，参考效果如图 3-55 所示，具体要求如下：

· 将页面大小设为 A4，上、下、左、右页边距设为 2 厘米，页面方向为横向。

· 先绘制一个表格，通过表格和边框工具栏对表格进行调整，打好表格框架。

· 在第一行表格中插入艺术字"幸福饭庄"，采用最后一行第 4 种艺术字样式，字体为方正粗活意简体，36 号。

· 在表格中输入相应的文字并设置文字格式，第二行表格中的字体为方正粗圆简体，20 号。

· 最右侧单元格中的字体为楷体，添加项目符号。

· 表格最后一行为宋体、小四号，并添加浅蓝色底纹。

· 在表格左侧各单元格中插入提供的菜品素材，并调整好图片大小。

图 3-55　操作题 12

（13）打开素材文件"荣誉证书.docx"文档，利用邮件合并功能将素材文件中的"荣誉证书数据库 xls"工作簿作为数据源，插入"姓名"合并域，批量制作荣誉证书，最终效果如图 3-56所示。

图 3-56　操作题 13

（14）用 Word 制作一份文件名为"演奏会海报.docx"的文档，具体要求如下：

·启动 Word 2010，创建一篇新文档，设置上下页边距为 1 厘米，左右页边距为 2.5 厘米，纸张方向为横向，使用五笔字型输入法输入文档标题和副标题。

·将标题设为黑体、小初，居中对齐，阴影效果；副标题格式为黑体、一号，居中对齐。

·绘制一个横卷轴图形，设置颜色为金色，将其置于底层，调整位置到标题下方。

·复制两个横卷轴，调整大小，在其中输入文字，然后再绘制三个文本框，输入文本后设置字符格式为华文楷体、四号、加粗，调整其位置。

·插入剪贴画，将其放大，置于文档中间，进入页眉和页脚状态，在文档左下角插入剪贴画，效果如图 3-57 所示。

图 3-57　操作题 14

（15）对文档进行打印设置，要求将所有的奇数页打印在 A4 的纸张上，并且在 1 张纸上打印两页的内容。在打印文档之前先将文档切换到打印预览视图，查看文档结构和布局是否符合自己的要求。

第4章　Excel 2010 电子表格处理

4.1　本章主要内容

　　Excel 是 Microsoft Office 办公软件套件的重要成员之一,是专业的电子表格制作和处理软件。统计表明,Excel 是仅次于 Word 而排行第二的高使用率办公软件。Excel 的数据处理功能极其完备,内容复杂,仅各种函数就有几百个,可以用于非常专业的数据处理场合,如投资组合分析、化学分子式计算、桥梁与建筑应力设计等。其基本功能可以归纳为三个方面:数据录入与编辑;数据的运算与管理;数据的分析。尽管 Excel 一直在不断升级完善,但大多时候都是围绕这三个基本功能来进行的。

4.2　习题解答

1. 选择题

(1) 在 Excel 2010 中执行存盘操作时,作为文件存储的是(　　)。
　　A. 工作表　　　　B. 工作簿　　　　C. 图表　　　　D. 报表

B

(2) 在 Excel 中,在单元格中输入"04/8",回车后显示的数据是(　　)。
　　A. 4　8　　　　B. 0.5　　　　C. 04　8　　　　D. 4 月 8 日

D

(3) 在 Excel 2010 中,下列为绝对地址引用的是(　　)。
　　A. $A5　　　　B. $E$6　　　　C. F6　　　　D. E$6

B

(4) 在 Excel 2010 中,计算工作表 A1:A10 数值的总和,使用的函数是(　　)。
　　A. SUM(A1:A10)　　　　　　B. AVERAGE(A1:A10)
　　C. MIN(A1:A10)　　　　　　D. COUNT(A1:A10)

A

2. 名词解释

(1) 工作簿:

工作簿是由一个或多个工作表组成的,它是 Excel 处理、编辑、分析、统计、计算和存储数据的工作文件。

(2) 工作表:

工作表就是一个由行和列组成的二维表,工作表中包含存放和处理的数据,工作表也是 Excel 2010 工作界面中最大的区域,是 Excel 2010 的主体。

（3）单元格：

单元格是组成工作表的基本单位，在工作表中由行与列交叉形成。用户可在单元格中存入文字、数字、日期、时间、逻辑值等不同类型的数据，也可在其中存入各种相关的计算公式。

（4）单元格地址：

单元格在工作表中的位置，用列号和行号组合标识，列号在前，行号在后。对于每个单元格都有其固定的地址，比如 B5，就代表了第 B 列第 5 行的单元格。

在对工作表进行处理的过程中，单元格引用是通过单元格地址进行的，因而单元格地址是 Excel 系统运行时的基本要素。

（5）单元格区域：

单元格区域是指一组被选中的单元格。它们既可以是相邻的，也可以是彼此隔开的。对一个单元格区域进行操作就是对该区域中的所有单元格进行相同的操作。

（6）填充柄：

在活动单元格粗线框的右下角有一个黑色的方块，此方块便是填充柄。使用填充柄可以按照某一种规律或方式来填充其他的单元格区域，从而减少重复和繁杂的输入工作。

（7）图表：

图表是工作表数据的图形描述。Excel 为用户提供了多种图表类型，例如柱形图、饼图和折线图等，利用它们可以非常醒目地描述工作表中数据之间的关系和趋势。当工作表中的数据发生变化时，基于工作表的图表也会自动改变。

（8）数据清单：

数据清单也称数据列表，是一系列包含类似数据的若干行，是一个二维关系表。可以说，数据清单与数据库是同义词，其中的一行类似一条记录，而一列则类似一个字段，第一行为字段行。数据库管理就是对数据清单进行管理，主要用于管理工作表中的数据，例如对数据进行排序、筛选和汇总等。

（9）图表区：

图表区包括整个图表中的标题、数值轴、分类轴、绘图区、图例等内容。

（10）公式：

公式是对工作表中的数值进行计算的赋值表达式。

3. 填空题

（1）Excel 2010 标题栏左上角是_____。

→快速访问工具栏

（2）Excel 2010 工作窗口就是一个_____。

→工作表

（3）打开 Excel 2010 工作窗口就有一个工作表，默认名为_____。

→Sheet1

（4）工作簿的默认文件名为_____。

→工作簿 1

（5）选定多个不相邻的工作表的操作是：单击其中一个工作表的标签，再按住_____键，同时分别单击要选定的工作表的标签。

→Ctrl

（6）如果用户不想让他人看到自己的某些工作表中的内容，可使用_____功能。

→隐藏工作表

（7）Excel 2010 新建工作簿时，会默认并自动创建＿＿＿＿＿＿个工作表。

→3

（8）冻结工作表的冻结功能主要用于冻结＿＿＿＿＿＿和列标题。

→行标题

（9）在进行查找操作之前，需要首先＿＿＿＿＿＿。

→选定一个搜索区域

（10）Excel 中编辑工作表实际上就是编辑＿＿＿＿＿＿中的内容。

→单元格

4. 简答题

（1）试述 Excel 2010 常用的退出方法。

Excel 2010 常用的退出方法与退出 Word 2010 类似，有如下几种。

① 在 Excel 2010 窗口中，单击"文件"选项卡，在产生的下拉选项中单击"退出"命令则可退出 Excel 2010。

② 用鼠标左键直接单击标题栏上最右端的"关闭"按钮X，便可退出 Excel 2010。

③ 用鼠标单击标题栏最左侧的系统控制菜单图标，即X，在弹出的系统控制菜单中单击"关闭"命令，或者直接双击该图标，则可退出 Excel 2010。

④ 按下组合键 Alt＋F4，同样可以退出 Excel 2010。

（2）图表创建以后，可能需要调整图表的大小，以便更好地显示图表及工作表中的数据。简述调整图表大小可以使用的方法。

① 使用手动调整：单击工作表图表，在图表的边框上会有 8 个尺寸控点，将鼠标移至图表边框控点处，当鼠标指针变为双向箭头形状时，拖动鼠标就可调整图表的大小。

② 使用"设置图表区格式"对话框调整：单击工作表图表，然后单击功能区"图表工具"选项卡下"格式"选项页下的"大小"命令旁的箭头，就打开了"设置图表区格式"对话框，在此对话框中完成图表大小的设置。

（3）如何取消选定的工作表？

当用户要取消对多个相邻或不相邻工作表的选定时，只需单击工作表标签栏中的任意一个没有被选定的工作表标签即可。

如果要取消选定所有的工作表，则可用鼠标右键单击工作表标签栏，在弹出的快捷菜单中单击"取消组合工作表"命令项即可。

（4）如何删除一个工作表？

首先单击要删除的工作表的标签，将其设置为当前活动工作表，再在"开始"选项卡下"单元格"命令组中"删除"命令的下拉菜单中选择"删除工作表"命令，便可删除当前工作簿中的当前工作表；还可以在工作表的标签区单击鼠标右键，在弹出的快捷菜单中单击"删除"命令，便可删除当前工作簿中的当前工作表。

（5）如何设置日期格式？

如果要设置日期格式，只需在单元格的右键快捷菜单中单击"设计单元格格式"命令，弹出"设置单元格格式"对话框，在该对话框的"数字"选项卡下的"分类"列表框中选择"日期"选项，然后在其右侧的"类型"列表框中选择所需的日期格式，最后单击"确定"按钮即可。

（6）简述引用单元格的引用方式，举例说明。

引用单元格时可分为相对引用、绝对引用和混合引用三种方式。

相对引用:例如,在单元格 A5 中的公式为"=(A1+A2+A3)/A4",当把该单元格中的公式通过复制和粘贴命令复制到单元格 B5 中时,该公式将自动更改为"=(B1+B2+B3)/B4"。

绝对引用:公式中引用的单元格地址不随公式所在单元格的位置变化而变化。在这种引用方式下,要在单元格地址的列号和行号前面加上一个字符"$"。例如,在单元格 A5 中输入公式"=($A$1+$A$2+$A$3)/$A$4",当把该公式复制到单元格 B5 中时,它仍然为"=($A$1+$A$2+$A$3)/$A$4"。

混合引用:在公式中同时包含相对引用和绝对引用。例如,"B$2"表示行地址不变,列地址则可以发生改变;相反,在"$B2"中列地址不变,而行地址可以发生改变。

(7) 在进行"分类汇总"时,可以选择具体的汇总方式有哪些?

进行"分类汇总"时,可以选择具体的汇总方式,汇总方式包括求和、计数、平均值、最大值、最小值、乘积、数值计数、标准偏差、总体标准偏差、方差和总体方差等。

5. 操作题

(1) 新建工作簿。

操作步骤:

单击"文件"选项卡下的"新建"命令,则会打开新建工作簿任务窗格,在该任务窗格中单击"空白工作簿"项;或者按下组合键 Ctrl+N,则会打开一个新的 Excel 窗口,并建立一个新的工作簿。

实际上,进入 Excel 时,就自动创建了一个工作簿,并且是当前工作簿。

(2) 重命名工作表标签。

方法一:双击工作表标签,工作表标签文字背景变成黑色,这时可以通过键盘输入工作表新名称,按回车键或单击其他地方实现重命名。

方法二:右击要重命名的工作表标签,弹出快捷菜单,单击快捷菜单中的"重命名"命令,工作表标签文字背景变成黑色,这时可以通过键盘输入工作表新名称,按回车键或单击其他地方实现重命名。

方法三:单击功能区中"开始"选项卡下的"单元格"命令组中的"格式"右侧的小箭头 格式▾,在弹出的快捷菜单中,选择"重命名工作表"命令即可。

(3) 设定工作表标签颜色。

方法一:右击要设定标签颜色的工作表标签,弹出相应的快捷菜单,鼠标指向快捷菜单中的"工作表标签颜色"命令,弹出工作表标签颜色设置的界面,这时可以选择一种颜色完成设置。

方法二:单击功能区中"开始"选项卡下的"单元格"命令组中的"格式"右侧的小箭头 格式▾,在弹出的快捷菜单中,选择"工作表标签颜色"命令。

(4) 保护工作表。

保护工作表的操作方法如下。

方法一:右击要保护的工作表标签,弹出快捷菜单,单击快捷菜单中的"保护工作表"命令,弹出"保护工作表"对话框。在该对话框中的"取消工作表保护时使用的密码"框中输入密码,单击"确定"按钮,此时会打开"确认密码"对话框,在"重新输入密码"下方的文本框中再次输入密码,单击"确定"按钮,完成密码的设置。

方法二：单击功能区中"审阅"选项卡下"更改"命令组中的"保护工作表"命令按钮 ，弹出"保护工作表"对话框。在该对话框中的"取消工作表保护时使用的密码"框中输入密码，单击"确定"按钮，此时会打开"确认密码"对话框，在"重新输入密码"下方的文本框中再次输入密码，单击"确定"按钮，完成密码的设置。

（5）设置自动筛选。

实现自动筛选的操作如下。

① 打开要自动筛选的工作簿中的某个工作表。

② 在"数据"选项卡的"排序和筛选"命令组中，单击"筛选"命令按钮 🔽，这时表中的每个标题的右侧都会出现一个筛选按钮。

③ 单击每个标题右侧的筛选按钮，打开筛选器界面，单击"筛选关键小标题"右侧的筛选按钮。

④ 在筛选器选择列表中勾选筛选值复选框。

⑤ 单击"确定"按钮，完成自动筛选操作，并有筛选结果出现。

在第④步骤中，可以在筛选器选择列表中同时勾选多个值，筛选出满足多个值的结果。

4.3　实 验 指 导

实验 1　建立 .xlsx 文件

一、实验目的

（1）熟悉 Excel 2010 的工作环境，掌握工作簿文件的建立。

（2）实习工作表的建立和实际应用。

（3）掌握工作表的创建方法。

二、实验内容

（1）在 Excel 2010 下创建如图 4-1 所示的工作表。

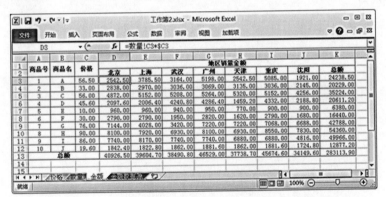

图 4-1　创建工作表

（2）在 Excel 2010 下创建学生成绩的工作表，如图 4-2 所示，其中，各栏目的数据自行拟定，合计和平均成绩两栏的数据不录入，要自动计算完成。这两栏的数据可以暂时不录入。

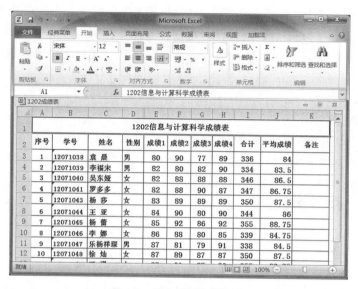

图 4-2　录入数据(成绩表)

实验 2　IF 函数应用

一、实验目的

(1) 熟悉 Excel 2010 的工作环境,掌握公式和函数的应用。

(2) 实习 IF 函数的实际使用。

(3) 掌握 IF 函数的语法格式和功能。

二、实验内容

(1) 图 4-3 是一张"信科学生成绩单",其中"平均成绩"右侧有"录用否"栏,该栏的值与"平均成绩"的值有关:平均成绩大于等于 85 时,"录用否"栏中的值为"录用",平均成绩小于85 时,"录用否"栏中的值为"不录用"。(文本参数"录用"和"不录用"两边的双引号是英文半角标点符号。)

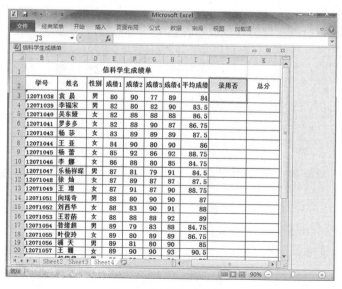

图 4-3　信科学生成绩表

（2）填写"录用否"栏的操作：使用条件函数 IF 完成，如图 4-4 所示。

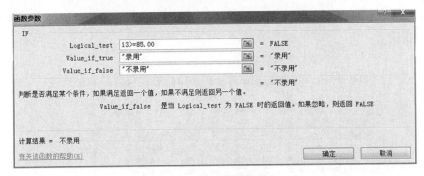

图 4-4　IF 函数参数设置

IF 函数的语法是：IF(I3>=85,"录用","不录用")。解释为，如果 I3>=85 成立（即逻辑值为 TRUE），则取函数计算结果为"录用"；否则逻辑值为 FALSE，则取函数计算结果为"不录用"。

（3）公式设置正确后，单击"确定"按钮，公式单元格中就显示计算结果。若还要计算其他学生的平均成绩"录用否"栏的值，直接向下拖动"录用否"J3 单元格的填充柄到其他学生"录用否"单元格，完成公式的复制，如图 4-5 所示。

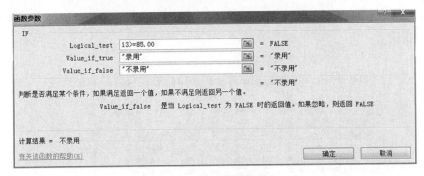

图 4-5　成绩单中"录用否"计算结果

实验 3　求和功能的应用

一、实验目的

（1）熟悉 Excel 2010 的工作环境，掌握公式和函数的应用。

（2）掌握求和函数的应用。

（3）应用功能区中的"自动求和"命令实现求和。

二、实验内容

（1）如图 4-6 所示，对信科学生成绩单中"录用否"右侧增加一栏"总分"，该栏的值是学生各科成绩的总和。

信科学生成绩单

学号	姓名	性别	成绩1	成绩2	成绩3	成绩4	平均成绩	录用否	总分
12071038	袁 晨	男	80	90	77	89	84	不录用	
12071039	李福宋	男	82	80	82	90	83.5	不录用	
12071040	吴东娅	女	82	88	88	88	86.5	录用	
12071041	罗多多	女	82	88	90	87	86.75	录用	
12071043	杨 莎	女	83	89	89	89	87.5	录用	
12071044	王 亚	女	84	90	80	90	86	录用	
12071045	杨 蕾	女	85	92	86	92	88.75	录用	
12071046	李 娜	女	86	88	80	85	84.75	不录用	
12071047	乐杨祥琛	男	87	81	79	91	84.5	不录用	
12071048	徐 灿	男	87	89	87	87	87.5	录用	
12071049	王 璟	女	87	91	87	90	88.75	录用	
12071051	向瑶奇	男	88	80	90	90	87	录用	
12071052	刘西华	女	88	83	90	91	88	录用	
12071053	王若茹	女	88	88	88	92	89	录用	

图 4-6　增加"总分"栏

（2）操作方法。

方法一：与计算平均值的操作方法相同，只是选择函数是计算合计的函数 SUM 函数。

方法二：运用功能区"开始"选项卡下"编辑"命令组中的"自动求和"命令实现"总分"栏的计算操作。

① 选定求和的单元格区域。本例选定 E3：H3 单元格区域。

② 单击工具栏上的"自动求和"按钮 **Σ**，求和结果出现在选定区域的右方单元格 K3 中，如图 4-7 所示。

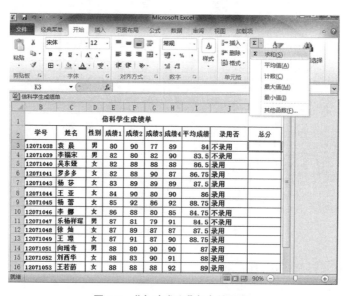

图 4-7　"自动求和"命令的使用

③ 若还要计算其他学生的"总分"栏的值，直接向下拖动"总分"K3 单元格的填充柄到其他学生"总分"单元格，完成公式的复制。

方法三：

① 选定要存放求和值的单元格。本例选定 K3 单元格。

② 单击工具栏上的"自动求和"按钮 **Σ**，在存放求和值的单元格中出现 SUM 函数及参数，利用鼠标拖动要求和的单元格区域 E3：H3，修改参数为求和的单元格区域，按下 Enter 键。

在工具栏上"自动求和"工具按钮 **Σ ▾** 右边有一个下拉按钮，单击这个下拉按钮，还可以选择其他函数，如图 4-8 所示。

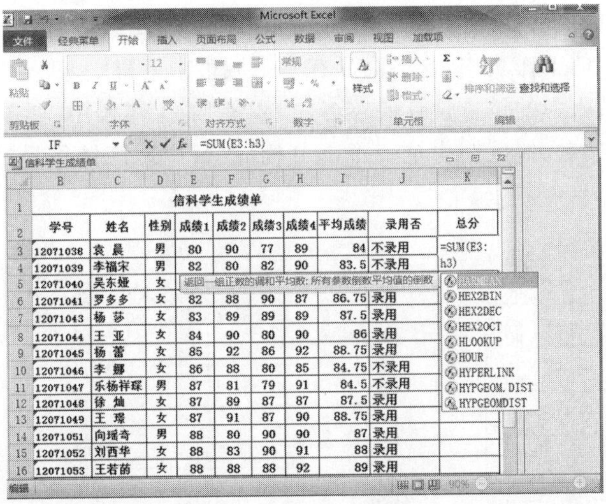

图 4-8　可以选择其他函数

③拖动填充柄完成总分的计算和填写，如图 4-9 所示。

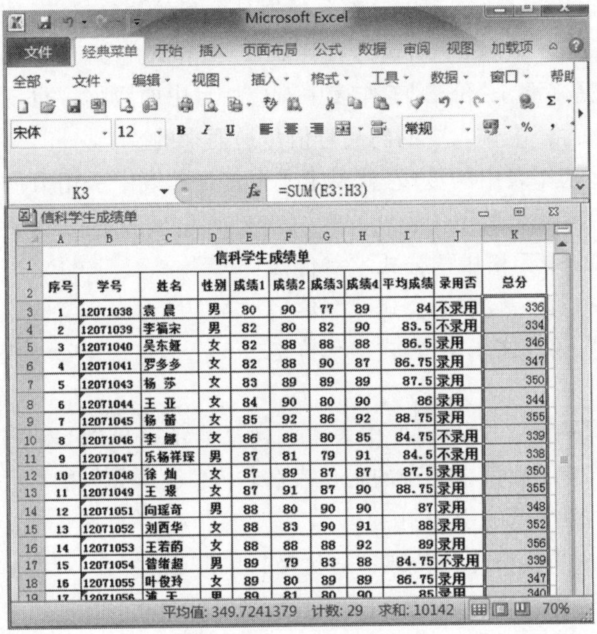

图 4-9　计算总分结果

实验 4　多工作表的数据运算

一、实验目的

(1) Excel 2010 的数据运算。

(2) 关于多工作表的数据运算。

(3) 不同工作表的单元格的数据在公式中的引用。

(4) 掌握多工作表里的数据的操作方法,了解 Excel 2010 的公式功能。

二、实验内容

下面以实例来说明多个工作表里的数据是如何运算的。

已知有一商品价格表,如图 4-10 所示,它是由商品号、商品名、价格三个项目构成的,存储在一个名为“价格”的工作表中,这些商品在多个城市中销售。

此商品在每个城市中的销售量存储在名为“数量”的工作表中,如图 4-11 所示。“数量”工作表由商品号、商品名、地区销售量三个部分构成,其中地区销售量又是由若干个地区的具体销售量组成的。

商品号	商品名	价格
1	A	56.50
2	B	33.00
3	C	56.00
4	D	45.60
5	E	10.00
6	F	30.00
7	G	76.00
8	H	90.00
9	I	86.00
10	J	19.60

图 4-10 “价格”工作表

商品号	商品名	地区销售量						
		北京	上海	武汉	广州	天津	重庆	沈阳
1	A	45	67	56	92	45	90	34
2	B	86	90	92	93	95	92	65
3	C	87	92	93	94	95	92	76
4	D	46	44	93	94	32	95	48
5	E	96	96	94	95	77	90	90
6	F	93	93	65	94	54	93	56
7	G	94	53	45	95	95	93	88
8	H	90	88	77	90	77	95	87
9	I	90	95	90	90	80	80	56
10	J	94	93	95	96	95	96	88

图 4-11 “数量”工作表

“价格”工作表和“数量”工作表中有部分数据是同步的,“价格”工作表中的商品号、商品名两栏中的数据是原始的数据,手动输入,而“数量”工作表中的商品号、商品名两栏中的数据不是手动输入的,是来源于“价格”工作表中对应栏目中的数据。也就是说,“数量”工作表中的商品号值是由“价格”工作表中的商品号值传递而来的。

要实现数据在多工作表中的传递,就要定义在多工作表中引用数据的公式。

“数量”工作表中商品号的引用:

“数量”工作表 A3 单元格中的公式:“=价格! A2”

“数量”工作表 A4 单元格中的公式:“=价格! A3”

“数量”工作表 A5 单元格中的公式:“=价格! A4”

……

公式“价格! A2”表示了“数量”工作表中的商品号值是由“价格”工作表中的商品号值取得的,其中“价格!”表示数据来源于的工作表名,“A2”表示具体的单元格。

“数量”工作表中商品名的引用:

“数量”工作表 B3 单元格中的公式:“=价格! B2”

“数量”工作表 B4 单元格中的公式:“=价格! B3”

“数量”工作表 B5 单元格中的公式:“=价格! B4”

……

利用多工作表中的引用,可以使多表的数据实现同步变化,只要用户对原始数据表中的数据进行修改,引用该表中的数据就会同时调整为修改后的数据,从而有效地实现了多工作表中数据的一致性问题,同时减少了用户重复输入数据的工作量和因重复输入数据出现的各种可能发生的输入错误。

下面就以"商品号"引用为例,实现引用的操作如下:

①选择"数量"工作表中"A3"单元格,在此单元格中输入"＝"。

②移动鼠标指向工作表标签栏,单击"价格"工作表标签,打开"价格"工作表。

③再单击"价格"工作表中"A2"单元格,然后按 Enter 键。此时,系统又自动回到"数量"工作表,在"数量"工作表的"A3"单元格中就出现了引用的数据值,即"价格"工作表中商品号的值,实现从"价格"工作表中"A2"单元格的数据向"数量"工作表的"A3"单元格的传递。

如果选择"数量"工作表的"A3"单元格,可以看到里面的公式就是"＝价格！A2"。其他的引用可以用上述方法实现,也可以通过复制公式来实现。

在商品销售中还有第三个工作表"金额"工作表,此表根据"价格"工作表和"数量"工作表中的数据计算各地区、各商品的销售金额,如图 4-12 所示。

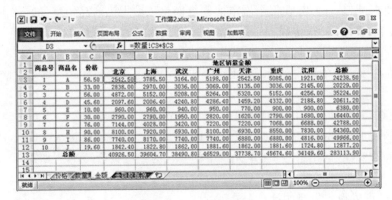

图 4-12　"金额"工作表

"金额"工作表中"商品号"的数据来源于"价格"工作表的"商品号",即:

"金额"工作表 A3 单元格中的公式:"＝价格！A2"

"金额"工作表 A4 单元格中的公式:"＝价格！A3"

"金额"工作表 A5 单元格中的公式:"＝价格！A4"

……

"金额"工作表中"商品名"的数据来源于"价格"工作表的"商品名",即:

"金额"工作表 B3 单元格中的公式:"＝价格！B2"

"金额"工作表 B4 单元格中的公式:"＝价格！B3"

"金额"工作表 B5 单元格中的公式:"＝价格！B4"

……

"金额"工作表中"价格"的数据来源于"价格"工作表的"价格",即:

"金额"工作表 C3 单元格中的公式:"＝价格！C2"

"金额"工作表 C4 单元格中的公式:"＝价格！C3"

"金额"工作表 C5 单元格中的公式:"＝价格！C4"

……

"金额"工作表中地区名"北京""上海""武汉"等来源于"数量"工作表中的地区名,即:

"金额"工作表 D2 单元格中的公式:"＝数量！C2",引用的值是"北京";

"金额"工作表 E2 单元格中的公式:"＝数量！D2",引用的值是"上海";

"金额"工作表 F2 单元格中的公式:"＝数量！E2",引用的值是"武汉";

……

"金额"工作表中的各地区、各商品的销售金额是此表的核心,计算金额的价格值来自"金额"表中的价格值,计算金额的数量值来自"数量"表中的销售量,每个地区同一种商品的销售价格都来自同一个价格值。

所以,在"金额"工作表中的同一行上各地区的销售金额计算中使用的价格值就是该行中 C 列中同一行中的价格值,也就是说,同一行中各地区的销售金额计算时绝对引用第 C 列的值。如第 3 行中所有地区计算金额的价格都是"＄C3",绝对引用第 C 列,相对引用第 3 行,两者组合为混合引用。

"金额"工作表中的同一行上各地区的销售金额计算中使用的数量值来自"数量"工作表中。如 D3 单元格计算金额的数量引用于"数量"工作表中的 C3 单元格中的值,即"数量! C3"。

从计算要求讲,某种商品在每个城市的销售额＝该城市该商品销售量×该商品的价格。

"A"商品在"北京"的销售额 D3 单元格中的公式为:"＝数量! C3 ＊ ＄C3"

"A"商品在"上海"的销售额 E3 单元格中的公式为:"＝数量! D3 ＊ ＄C3"

"A"商品在"武汉"的销售额 F3 单元格中的公式为:"＝数量! E3 ＊ ＄C3"

……

"B"商品在"北京"的销售额 D4 单元格中的公式为:"＝数量! C4 ＊ ＄C4"

"B"商品在"上海"的销售额 E4 单元格中的公式为:"＝数量! D4 ＊ ＄C4"

"B"商品在"武汉"的销售额 F4 单元格中的公式为:"＝数量! E4 ＊ ＄C4"

……

以此类推,可以得出每行的计算公式。

下面就以"A"商品在"北京"的销售额 D3 单元格中的公式设计为例,实现引用的操作步骤如下。

① 选择"金额"工作表中"D3"单元格,在此单元格中输入"＝"。

② 移动鼠标指向工作表标签栏,单击"数量"工作表标签,打开"数量"工作表。

③ 单击"数量"工作表中"C3"单元格,然后,按下键盘上的 Enter 键。此时,系统又自动回到"金额"工作表,在"金额"工作表的"D3"单元格中就出现了引用的"数量"工作表中的数量值。

④ 重新选择"金额"工作表的"D3"单元格,单击公式编辑栏,此时,公式编辑栏中出现的是:"＝数量! C3",再将光标定位在公式编辑栏已存在的公式最后,按下键盘上的乘法运算符"＊"。

⑤ 单击"C3"单元格,此时,公式编辑栏中出现的是:"＝数量! C3 ＊ C3",再将光标定位到"C3"的"C"前面,从键盘上输入"＄"符,最后,按下 Enter 键。

以上步骤操作结束后,"A"商品在"北京"的销售额"D3"单元格中的公式就是:

"＝数量! C3 ＊ ＄C3"

这个公式设计成功后,其他的公式就可以使用复制公式的方式完成。

总额的计算是利用求和函数 SUM()完成的:

A 商品的销售总额＝SUM(D3:J3),B 商品的销售总额＝SUM(D4:J4),……

北京的销售总额＝SUM(D3:D12),上海的销售总额＝ SUM(E3:E12),……

在"金额"工作表中,还有几个地方需要注意。

第一行的标题名也是由前面的"价格"工作表和"数量"工作表"取"过来的。

商品号＝价格! A1

商品名＝价格！B1

价格＝价格！C1

北京＝数量！C2，上海＝数量！D2，……

特别地，地区销售金额＝数量！C1&"金额"

最后，“金额”工作表中，有的数据是由“价格”工作表中直接引用过来，如“价格”“商品名”“商品号”“北京”等；有的是引用并加以运算的，如“地区销售量金额”是由引用“数量”工作表中的“地区销售量”名和字符运算符“&”连接“金额”而成的；每个金额的计算都是通过运算过程完成的。而总额的计算全部是在“金额”工作表内运用函数计算而来的。

实验 5　分类汇总

一、实验目的

(1) Excel 2010 的数据运算功能。

(2) 关于分类汇总的操作过程。

(3) 分类汇总的实际应用。

(4) 掌握 Excel 2010 的分类汇总功能。

二、实验内容

图 4-13 是全校运动会各系学生运动员某竞赛项目成绩表，请按系名对该项成绩进行汇总，从而决定各系总分名次。

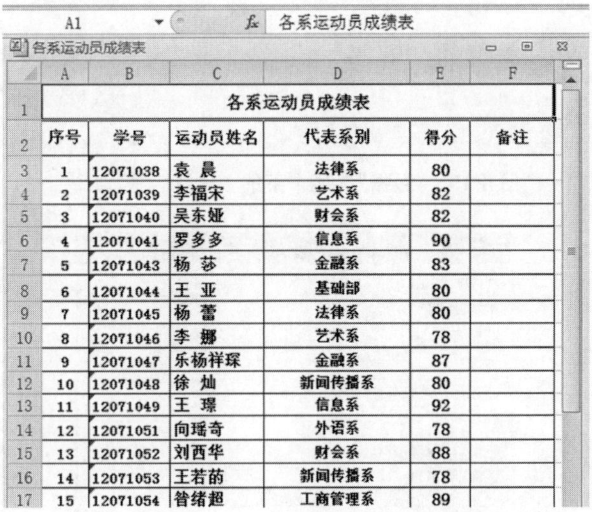

序号	学号	运动员姓名	代表系别	得分	备注
1	12071038	袁 晨	法律系	80	
2	12071039	李福宋	艺术系	82	
3	12071040	吴东娅	财会系	82	
4	12071041	罗多多	信息系	90	
5	12071043	杨 莎	金融系	83	
6	12071044	王 亚	基础部	80	
7	12071045	杨 蕾	法律系	80	
8	12071046	李 娜	艺术系	78	
9	12071047	乐杨祥琛	金融系	87	
10	12071048	徐 灿	新闻传播系	80	
11	12071049	王 璟	信息系	92	
12	12071051	向瑶奇	外语系	78	
13	12071052	刘西华	财会系	88	
14	12071053	王若药	新闻传播系	78	
15	12071054	昝绪超	工商管理系	89	

图 4-13　各系运动员成绩表

1. 设置分类汇总

要对“各系运动员成绩表”数据列表中各系学生的“得分”汇总，也就是统计“代表系别”相同的学生运动员“得分”的总成绩。

分类是指按“代表系别”进行分类（排序），即，一个系的学生排列在一起，汇总是指统计同一个系的“得分”数据之和，其中，“代表系别”为分类字段，“得分”为汇总列。

Excel 提供的分类汇总功能可以使分类与统计一步完成，操作步骤如下。

(1) 打开要分类汇总的工作簿中的某个工作表，本例是“各系运动员成绩表”。

先按分类字段（列）对数据表进行排序，这里对“各系运动员成绩表”按“代表系别”排序，如图 4-14 所示。这一步是前提,不可忽略,否则得不到正确的结果。

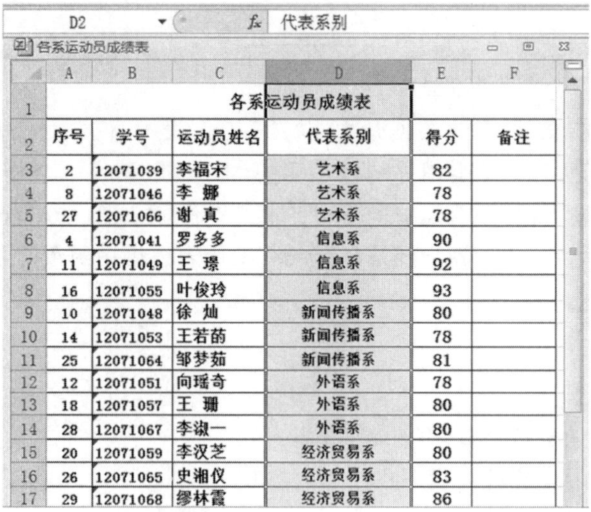

序号	学号	运动员姓名	代表系别	得分	备注
2	12071039	李福宋	艺术系	82	
8	12071046	李 娜	艺术系	78	
27	12071066	谢 真	艺术系	78	
4	12071041	罗多多	信息系	90	
11	12071049	王 璟	信息系	92	
16	12071055	叶俊玲	信息系	93	
10	12071048	徐 灿	新闻传播系	80	
14	12071053	王若菡	新闻传播系	78	
25	12071064	邹梦茹	新闻传播系	81	
12	12071051	向瑶奇	外语系	78	
18	12071057	王 珊	外语系	80	
28	12071067	李淑一	外语系	80	
20	12071059	李汉芝	经济贸易系	80	
26	12071065	史湘仪	经济贸易系	83	
29	12071068	缪林霞	经济贸易系	86	

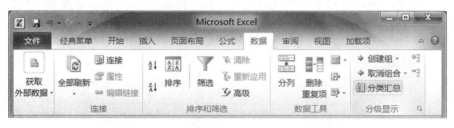

图 4-14　分类汇总前按分类列“代表系别”排序

(2) 在“数据”选项卡的“分级显示”命令组中,单击“分类汇总”命令,如图 4-15 所示,打开“分类汇总”对话框,如图 4-16 所示。

图 4-15　“数据”选项卡下的“分类汇总”命令

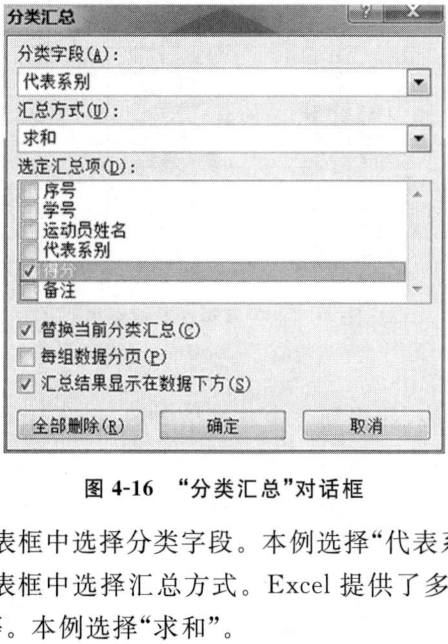

图 4-16　“分类汇总”对话框

在“分类字段”下拉列表框中选择分类字段。本例选择“代表系别”。

在“汇总方式”下拉列表框中选择汇总方式。Excel 提供了多种汇总方式,有求和、求平均、计数、最大值、最小值等。本例选择“求和”。

在“选定汇总项”下拉列表框中选择汇总字段。本例选择“得分”。

选择"替换当前分类汇总"命令,可使新的汇总替换数据清单中已有的汇总结果。

选择"每组数据分页"命令,可使每组汇总数据之间自动插入分页符。

选择"汇总结果显示在数据下方"命令,可使每组汇总结果显示在该组下方。

(3) 单击"确定"按钮,分类汇总结果如图 4-17 所示。

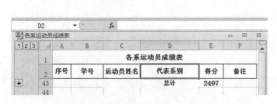

图 4-17　分类汇总结果

2. 分类汇总表的使用

分类汇总操作完成后,在工作表窗口的左侧会出现一些小控制按钮,如 1 2 3 、 + 、 - 等,如图 4-17 左边所示。单击这些按钮可改变显示的层次,便于分析数据。

(1) 数字按钮。

① 单击按钮 1 ,汇总结果仅显示总计结果,如图 4-18 所示。

② 单击按钮 2 ,汇总结果仅显示小计和总计结果,如图 4-19 所示。

图 4-18　选择数据按钮 1 的分类汇总结果　　　图 4-19　选择数据按钮 2 的分类汇总结果

③ 单击按钮 3 ,则汇总表全部打开,汇总结果显示数据、小计和总计结果,如图 4-17 所示。

(2) - 、 + 按钮。

① 单击按钮 - ,关闭局部,按钮变为 + 。

② 单击按钮 + ,展开局部,按钮变为 - 。

3. 取消分类汇总

选中已分类汇总的数据列表中的任意一个单元格,单击"分类汇总"对话框中的"全部删除"按钮 全部删除(R) ,如图 4-16 所示。

实验6　创建图表

一、实验目的

(1) 熟悉 Excel 2010 下的创建图表过程。

(2) 创建基本图表的操作方法。

(3) 掌握 Excel 2010 图表的基本操作。

(4) 添加图表元素编辑图表。

二、实验内容

(1) 通过数据表格创建图表。

首先创建基本图表,然后在已创建的基本图表基础上,再为图表添加图表的其他图表元素,达到用户最终的要求和目的。

(2) 建立一张表格或报表,选定图表区域,如图 4-20 所示。

图 4-20　选定图表区域

(3) 创建基本图表。

创建基本图表的过程很简单,用户只要针对要创建图表的数据,选择某种图表类型便可以完成基本图表的创建。

操作步骤如下。

① 选中准备创建图表的数据区域,如 A1:D10。

② 单击功能区"插入"选项卡下"图表"命令组中的"柱形图",或"折线图",或"饼图"等按钮下方或旁边的箭头,比如要创建"柱形图"图表,则单击"柱形图"下方的箭头,打开图表类型的列表。

再单击下方的"所有图表类型"命令,或者单击"图表"命令组右下角的"创建图表"按钮,打开"插入图表"对话框,在此对话框中也可以选择要创建的图表类型。

③ 在打开的图表列表中,单击某个具体图表类型。如单击"柱形图"栏中的"簇状柱形图"选项,在工作表中就会马上创建一个嵌入式的图表,如图 4-21 所示。

(4) 添加图表元素。

在创建的基本图表上用户可以添加多个图表元素,如添加标题、数据轴和分类轴、数据标签等。

这些图表元素的添加都是通过"图表工具"选项卡的"布局"页下的"标签"命令组中的命令选项完成的。要求最后完成的图表如图 4-22 所示。

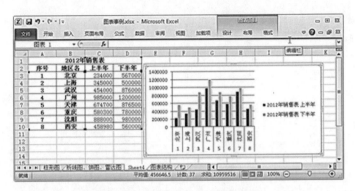

图 4-21 "簇状柱形图"基本图表

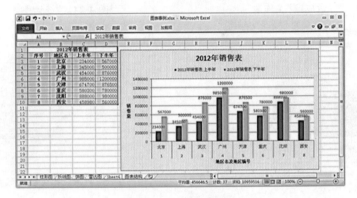

图 4-22 结果图表

实验 7 Excel 2010 数据图表化

一、实验目的

(1) 掌握数据图表创建的基本方法。

(2) 掌握图表编辑和格式化方法。

二、实验内容

1. 创建数据图表

(1) 在"成绩"文件夹中新建一个文件"临床医学专业计算机成绩.xlsx",将工作表"Sheet1"、"Sheet2"和"Sheet3"分别更名为"考试成绩"、"不合格名单"和"统计图表"。

(2) 在"考试成绩"工作表中录入如图 4-23 所示的数据。

(3) 在"考试成绩"工作表的成绩数据清单中添加表格线。

(4) 在"统计图表"工作表中录入如图 4-24 所示的数据。

(5) 对"考试成绩"工作表和"统计图表"工作表设置适当的行高,使各单元格中的数据垂直方向居中对齐,"机试"、"笔试"和"总成绩"数据水平方向居中。

(6) 打开"临床医学专业计算机成绩.xlsx"中的"考试成绩"工作表,绘制优秀、合格、不合格成绩等级构成比的饼图,如图 4-25 所示。

(7) 重新设置上述图表的位置,使之作为"临床医学专业计算机成绩.xlsx"工作簿中的图表工作表。

(8) 打开"统计图表"工作表,绘制如图 4-26 所示的各分数段频数分布的柱形图。

图 4-23 "考试成绩"工作表

图 4-24 "统计图表"工作表

图 4-25 成绩等级构成比

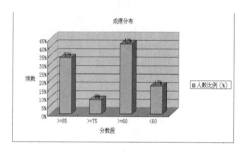

图 4-26 各分数段频数分布

2. 页面设置和打印预览

(1) 选择"考试成绩"工作表。

(2) 选择"页面布局"选项卡,单击"页面设置"组右下角的弹出对话框按钮,弹出如图 4-27 所示的"页面设置"对话框,在"页面""页边距""页眉/页脚""工作表"选项卡中进行相应的选项设置。

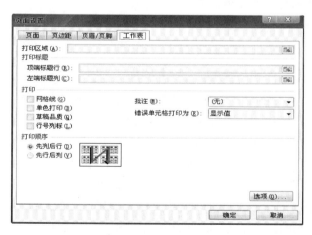

图 4-27 "页面设置"对话框

(3) 单击"文件"选项卡,选择"打印"命令,可以预览打印效果。

三、实验要点指导

1. 创建数据图表

数据图表创建的步骤和方法如下:

（1）打开"临床医学专业计算机成绩. xlsx"，切换至"统计图表"工作表，选定需要统计数据源单元格区域 B10：C13。

（2）单击"插入"选项卡"图表"选项组中的"饼图"  按钮，如图 4-28 所示。

图 4-28　单击"饼图"按钮

（3）在弹出的下拉面板中选择一种饼图样式，就会在表格中生成一个饼图对象，如图4-29所示。

2. 图表编辑和格式化

图表创建好以后，还可以对图表内容、图表格式、图表布局和外观进行设置，使图表的显示效果满足用户的需求。比如可以对图表区的颜色、字体进行修改，也可以对图表标题、坐标轴、数据源、数据系列、图例等进行修改。一种简单修改图表的方法是直接在要修改的选项区内单击右键，在弹出的快捷菜单中，选择相应的菜单来进行修改。

（1）更改图表类型。鼠标右击饼图，弹出如图 4-30 所示的快捷菜单，在快捷菜单中单击"更改系列图表类型"，弹出"更改图表类型"对话框，如图 4-31 所示，在对话框中选择要更改成为的图表类型。

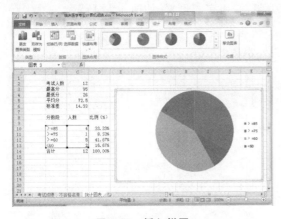

图 4-29　插入饼图

图 4-30　图表快捷菜单

（2）调整图表数据源。鼠标右击饼图，在弹出的快捷菜单中选择"选择数据"，弹出"选择数据源"对话框，在弹出的对话框中选择合适的数据区域，如图 4-32 所示。

（3）添加图表标题。单击图表空白处，出现"图表工具"悬浮按钮，单击"布局"选项卡，

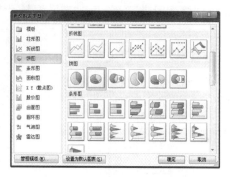
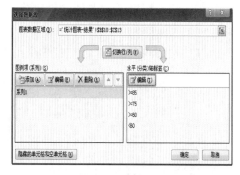

图 4-31 "更改图表类型"对话框　　　　图 4-32 "选择数据源"对话框

再单击"图表标题"按钮,选择下拉菜单中的"图表上方",将标题修改为"成绩分段统计图",如图 4-33 所示。

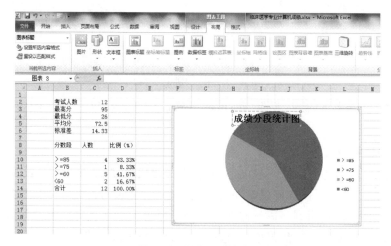

图 4-33 添加图表标题

(4) 设置图表数据标签。单击"图表工具"悬浮按钮下的"布局"选项卡,再单击"数据标签"中的"其他数据标签选项",打开"设置数据标签格式"对话框。取消勾选"标签包括"选项中的"值"选项,勾选"百分比"选项,单击"关闭"按钮完成设置,如图 4-34 所示。

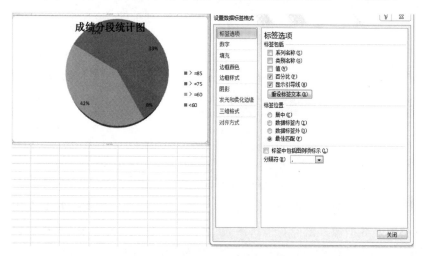

图 4-34 调整图表数据标签

4.4　操 作 题

（1）启动 Excel，新建一个名为"山寨里的工资表"的工作簿，并将其保存在 E 盘下，然后在该工作簿中插入几张工作表，并分别命名为"大当家的""二当家的""白晶晶""紫霞仙子""青霞仙子"，如图 4-35 所示。

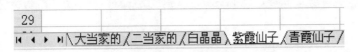

图 4-35　Excel 操作题 1

（2）制作一个如图 4-36 所示的表格，要求标题字体为黑体，字号为 14 号，居中显示，表头为蓝色底纹，楷体、12 号，白色字体；表格内容居中显示。

工号	姓名	性别	身份证号	部门	出生日期	是否在编	基本工资	津贴	总计
99010001	李红	女	342401199302031001	医务科	1975年5月12日	TRUE	¥2,800	¥2,300	⇒ ¥5,100
99010002	李鸿	男	342401199302031002	医务科	1976年3月13日	TRUE	¥2,800	¥2,300	⇒ ¥5,100
99010003	张曼玉	女	342401199302031003	医务科	1984年1月14日	FALSE	¥2,400	¥2,100	⇓ ¥4,500
99010004	张小燕	女	342401199302031004	内科	1979年2月15日	TRUE	¥2,800	¥2,700	⇓ ¥5,500
99010005	刘爱珍	女	342401199302031005	内科	1990年4月16日	FALSE	¥2,200	¥2,000	⇓ ¥4,200
99010006	刘明明	男	342401199302031006	骨科	1967年8月17日	TRUE	¥3,300	¥3,200	⇑ ¥6,500
99010007	陈怡	女	342401199302031007	骨科	1964年11月18日	TRUE	¥3,500	¥3,400	⇑ ¥6,900
99010008	陈永静	女	342401199302031008	口腔科	1986年12月19日	FALSE	¥2,400	¥2,100	⇑ ¥4,500
99010009	马培培	女	342401199302031009	口腔科	1977年9月20日	TRUE	¥2,800	¥3,300	⇑ ¥6,100
99010010	马三	男	342401199302031010	麻醉科	1973年5月21日	TRUE	¥3,000	¥2,800	⇑ ¥5,800
							平均工资		¥5,420

图 4-36　Excel 操作题 2

（3）打开如图 4-37 所示的素材文件医学院学生信息表工作簿，为单元格设置文本格式、边框和底纹，具体要求如下。

• 设置表格标题格式为华文新魏、16 号、加粗，表头格式为宋体、12 号，颜色为深红，标题和表头都居中显示。

• 设置表头只有上下边框，边框线为最粗样式，颜色为青色，相同格式的还包括表格最底边的边框线。

• 为表头添加底纹，颜色为灰色；为表格隔行添加底纹，颜色为灰色。

编号	姓名	性别	出生年月	政治面貌	籍贯	所在公寓	入学成绩	平均成绩	平均成绩	名次	备注
001	马依鸣	男	1981年8月1日	党员	山东省日照市莒县	西苑	628	125.6	125.6	1	
002	高英	男	1982年4月1日	党员	山东省滨州市无棣县	南苑	621	124.2	124.2	2	
003	郭建华	男	1981年1月1日	团员	山西省阳泉市	西苑	619	123.8	123.8	3	
004	张厚营	男	1981年6月1日	团员	河北省唐山市玉田县	西苑	618	123.6	123.6	4	
005	周广冉	男	1981年9月1日	团员	山东省菏泽市郓城县	西苑	616	123.2	123.2	5	
006	张琳	男	1982年3月1日	党员	山东省威海市环翠区	西苑	611	122.2	122.2	6	
007	马刚	男	1983年1月1日	团员	甘肃省天水市	西苑	609	121.8	121.8	7	
008	田清涛	男	1980年9月1日	团员	广东省东莞市	西苑	603	120.6	120.6	8	
009	白景泉	男	1982年6月1日	团员	吉林省九台区	西苑	601	120.2	120.2	9	
010	张以恒	男	1982年12月1日	团员	云南省大理州永平县	西苑	600	120.0	120.0	10	
011	荆艳霜	女	1981年2月1日	党员	山东省济宁市开发区	南苑	598	119.6	119.6	11	
012	林丽娜	女	1983年2月1日	团员	山东省烟台市莱山区	南苑	597	119.4	119.4	12	
013	刘丽	女	1982年2月1日	团员	河北省廊坊市	南苑	593	118.6	118.6	13	
014	何孝艳	女	1982年6月1日	党员	河北省廊坊市	南苑	589	117.8	117.8	14	
015	胡小灵	女	1983年7月1日	党员	河北省廊坊市	南苑	589	117.8	117.8	15	
016	李春铃	女	1982年12月1日	团员	河北省廊坊市	南苑	587	117.4	117.4	16	
017	郑妤	女	1982年3月1日	团员	河北省廊坊市	南苑	586	117.2	117.2	17	

图 4-37　Excel 操作题 3

（4）用 Excel 制作"员工奖金表.xlsx"，要求如下。

- 启动 Excel 2010,输入如图 4-38 所示的表格数据("奖金总额"列数据暂不输入)。
- 对表格数据进行设置和美化,可以自定义数据格式和字体格式及边框线样式。
- 使用公式计算出"奖金总额"列的数据。
- 对"奖金总额"列的数据进行升序排序。

	编号	姓名	部门	职务	基本工资	月销售额	补贴	业绩提成	奖金总额
					员工奖金表				
3	302	吴启	销售部	业务员	¥ 1,800.00	¥ 40,000.00	90		¥ 90.00
4	303	肖有亮	销售部	业务员	¥ 1,800.00	¥ 38,000.00	90		¥ 90.00
5	304	朱珠	销售部	业务员	¥ 1,800.00	¥ 41,000.00	90		¥ 90.00
6	305	徐江	销售部	业务员	¥ 1,800.00	¥ 22,000.00	90		¥ 90.00
7	102	韩风	人事部	办事员	¥ 1,500.00		150		¥ 150.00
8	103	谢宇	人事部	办事员	¥ 1,500.00		150		¥ 150.00
9	301	章展	销售部	经理	¥ 3,000.00	¥ 55,000.00	150		¥ 150.00
10	402	曾琳	办公室	干事	¥ 1,500.00		150		¥ 150.00
11	403	邓怡	办公室	干事	¥ 1,500.00		150		¥ 150.00
12	202	张婷	财务部	会计	¥ 2,000.00		200		¥ 200.00
13	203	刘一守	财务部	出纳	¥ 2,000.00		200		¥ 200.00
14	401	何秀俐	办公室	主任	¥ 2,500.00		250		¥ 250.00
15	502	何勇	技术部	工程师	¥ 2,800.00		280		¥ 280.00
16	503	王剑锋	技术部	工程师	¥ 2,800.00		280		¥ 280.00
17	101	欧沛东	人事部	经理	¥ 3,000.00		300		¥ 300.00
18	201	王郭英	财务部	经理	¥ 3,000.00		300		¥ 300.00
19	501	苏益	技术部	经理	¥ 3,500.00		350		¥ 350.00

图 4-38　Excel 操作题 4

（5）打开图 4-39 所示的素材文件"销量查询表.xlsx"工作簿,在 B15 单元格中输入公式,实现在 A15 单元格输入具体的查询地区时,B15 单元格能够自动获取该地区的销量的最低销量,效果如图 4-39 所示。

	地区	类别	姓名	销量	金额
		销量查询表			
3	西部地区	U盘	周畅	98	5782
4	沿海地区	SD卡	张云	0	0
5	东部地区	U盘	郑斌	100	5900
6	东北地区	SD卡	周畅	150	8850
7	西南地区	U盘	章雄	169	9971
8	东部地区	SD卡	张云	198	11682
9	东部地区	移动硬盘	张伟	72	4248
10	西南地区	SD卡	张云	56	3304
11	西北地区	移动硬盘	周畅	0	0
12	东部地区	SD卡	张灯	197	11623
14	地区	最低销量			
15	西部地区	98			

图 4-39　Excel 操作题 5

（6）打开如图 4-40 所示的素材文件"学生成绩表.xlsx"工作簿,在 D1 单元格中输入函数,实现在 B1 单元格中输入学号时,D1 单元格能自动获取学号对应的姓名。使用相同的方法在表格上方对应单元格中插入函数,以实现相同的功能。(可以复制公式,然后更改返回数据所在的单元格区域地址即可。)查询效果如图 4-40 所示。

（7）用 Excel 2010 制作如图 4-41 所示的"公司收支表.xlsx",要求如下:
- 启动 Excel 2010,将 Sheet1 工作表重命名为"十月份",输入下面的表格数据。
- 对表格数据格式进行设置和美化。
- 使用公式计算出"利润"列的数据,并进行升序排序。

	A	B	C	D	E	F	G	H	I	J
1	学号	0730206	姓名	蔡恒	性别	男	语文		75	数学	73
2	英语	64	物理	68.5	化学	46	平均成绩	65.3	名次	9
3										
4					学生成绩表					
5	学号	姓名	性别	语文	数学	英语	物理	化学	平均成绩	名次
6	0730201	梁宽	男	85.50	95.00	96.50	70.50	81.50	85.80	1
7	0730202	郝晓楠	男	77.00	80.50	95.00	94.50	75.00	84.40	3.00
8	0730203	孙倩	女	89.00	81.00	71.50	75.00	86.50	80.60	4
9	0730204	王言旭	男	82.50	74.00	79.00	53.50	50.00	67.80	8.00
10	0730205	方志和	男	92.50	88.50	89.50	76.50	78.00	85.00	2
11	0730206	蔡恒	男	75.00	73.00	64.00	68.50	46.00	65.30	9.00
12	0730207	张雯雅	女	43.00	86.50	60.50	73.00	41.00	60.80	11
13	0730208	谢逊	男	62.00	69.50	94.50	76.00	65.50	73.50	6.00
14	0730209	罗轩然	男	79.00	64.00	97.50	73.00	89.50	80.60	4
15	0730210	杨浩	男	70.50	84.00	74.00	69.50	57.50	71.10	7.00
16	0730211	李韵芹	女	67.00	73.00	61.00	74.50	48.00	64.70	10

图 4-40　Excel 操作题 6

	A	B	C	D
1	星空广告制作中心10月收支表			
2	项目	业务收入	业务支出	利润
3	"嘉璐"快餐店招	￥1,000.00	￥400.00	￥600.00
4	"馨芳"指示牌	￥2,000.00	￥1,200.00	￥800.00
5	"艳丽"宣传海报	￥4,000.00	￥3,000.00	￥1,000.00
6	"天骄"店招	￥1,500.00	￥500.00	￥1,000.00
7	"莉迪"吸塑字招牌	￥5,000.00	￥4,000.00	￥1,000.00
8	"林卡"指示牌	￥1,900.00	￥700.00	￥1,200.00
9	"诚心"店招	￥2,300.00	￥400.00	￥1,900.00
10	"长城数码"店招	￥3,000.00	￥500.00	￥2,500.00
11	市政警示牌	￥5,000.00	￥2,000.00	￥3,000.00
12	电信招牌	￥7,000.00	￥3,000.00	￥4,000.00
13	3中校园指示牌	￥17,000.00	￥10,000.00	￥7,000.00
14	"远东"展厅	￥14,000.00	￥4,000.00	￥10,000.00
15	"光蓝"展厅	￥24,000.00	￥13,000.00	￥11,000.00
16	"瑞博"围墙喷绘	￥18,000.00	￥6,000.00	￥12,000.00
17	"晋阳"景点指南	￥20,000.00	￥4,000.00	￥16,000.00
18	房交会展厅	￥30,000.00	￥10,000.00	￥20,000.00
19	秋季房交会展厅	￥50,000.00	￥23,000.00	￥27,000.00
20	泉城旅游景点指示牌	￥100,000.00	￥20,000.00	￥80,000.00
21				￥11,111.11
22				

图 4-41　Excel 操作题 7

· 使用函数计算出 D3：D20 单元格区域的平均值，结果放在 D21 单元格中。

（8）用 Excel 打开"公司收支表. xlsx"，然后进行如下数据计算与管理操作：

· 删除 D21 单元格中的数据。

· 对 B3：D20 数据区域制作图表，图表类型为饼图。

· 对"业务收入"列进行降序排序查看。

· 使用自动筛选工具筛选利润大于 5000 的记录，并查看图表的变化，如图 4-42 所示。

（9）用 Excel 制作"盘点统计表. xlsx"，参考效果如图 4-43 所示，具体要求如下：

· 启动 Excel 2010，输入表格数据，右侧 4 列的数据需通过计算获得。

· 使用公式分别计算出差量，以及金额中的实盘、账面和差额各列的值，差量等于数量中的账面减去数量中的实盘的值，金额中的实盘等于单价乘以数量中的实盘，金额中的账面等于单价乘以数量中的账面，差额等于单价乘以数量中的差量。

· 对表格进行美化和数据格式设置。

（10）用 Excel 制作如图 4-44 所示的"质量统计表. xlsx"，具体要求如下：

· 启动 Excel 2010，将 Sheet1 重命名为"2007 年"。

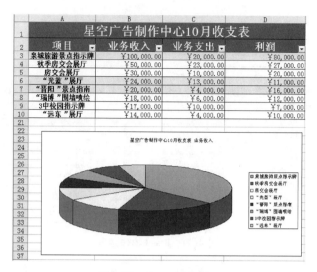

图 4-42 Excel 操作题 8

	盘点统计表								
			物品类别:				2010 年 6 月 1 日		
物品名称	单位	单价	数量			金额			
			实盘	账面	差量	实盘	账面	差额	
120G硬盘	件	¥ 683.00	130	115	-15	¥88,790.00	¥ 78,545.00	¥ -10,245.00	
液晶显示器	件	¥ 1,172.00	502	503	1	¥588,344.00	¥589,516.00	¥ 1,172.00	
主板	件	¥ 687.00	820	670	-150	¥563,340.00	¥460,290.00	¥ -103,050.00	
显卡	件	¥ 489.00	182	205	23	¥88,998.00	¥100,245.00	¥ 11,247.00	
2M内存	件	¥ 408.00	640	650	10	¥261,120.00	¥265,200.00	¥ 4,080.00	
奔腾	件	¥ 1,304.00	80	80	0	¥104,320.00	¥104,320.00	¥ -	
液晶显示器	件	¥ 1,124.00	340	360	20	¥382,160.00	¥404,640.00	¥ 22,480.00	
主机箱	件	¥ 271.00	300	305	5	¥81,300.00	¥ 82,655.00	¥ 1,355.00	
网线	件	¥ 1.60	520	800	280	¥832.00	¥ 1,280.00	¥ 448.00	
交换机	件	¥ 402.00	130	200	70	¥52,260.00	¥ 80,400.00	¥ 28,140.00	

图 4-43 Excel 操作题 9

	蓝天公司质量统计表				
产品名称	编号	生产数量	不合格数量	不合格率	不合格原因
UC三相插头	UC-131	3200	14	0.4375%	端子位置不到位
三位插座	CZ-3	3000	18	0.6000%	面板有划痕
六位插座	CZ-6	2500	36	1.4400%	未通过安全测试
五位插座	CZ-5	3000	49	1.6333%	未通过安全测试
音视频插头	YSP-131	2460	50	2.0325%	端子过长、冲胶
音视频插座	DCZ-6	2400	50	2.0833%	插脚位置过长
三相插头	CH-131	1890	42	2.2222%	缩水、银丝
UC两相插头	UC-121	3820	133	3.4817%	露芯线
两相插头	CH-121	1680	100	5.9524%	缩水、有融接痕

图 4-44 Excel 操作题 10

· 输入表格中的相关数据,其中"不合格率"列的数据暂不输入。

· 使用公式计算出"不合格率"列的值,其计算公式为 D 列除以 C 列的比值,并采用百分比数据类型表达。

· 对"不合格率"列的数据进行升序排列。

(11) 用 Excel 打开"客户订单表.xlsx",然后进行如下数据计算与管理操作:

· 设置表头标题格式为汉仪中圆简、22 号、加粗,表头格式为宋体、12 号、加粗,表内容格式为华文细黑、12 号。

· 使表标题合并并居中,设置颜色为深红,设置表头字体为青色,底纹为茶色,为表格添加边框,使表格无左右边框,且上、下边框比内边框粗。

· 对表格数据进行排序,主关键字为"所在城市",次关键字为"订单总额(元)",排序方式均为升序。

· 以所在城市为"成都"的数据为数据源,创建默认格式的图标,为图标添加纹理填充效果,最终效果如图 4-45 所示。

客户订单表

订单编号	客户姓名	所在城市	订单总额(元)	其他费用(元)	预付(元)
tc05022	汤援军	北京	119487.4	357.4	59743.7
tc05018	冯朝	北京	373659.5	419.5	186829.75
tc05004	张海科	成都	70140.3	120.3	35070.15
tc05006	刘乔	成都	96464.5	144.5	48232.25
tc05016	陈乔	成都	145978.6	98.6	72989.3
tc05014	林钏	杭州	394.7	304.7	197.35
tc05001	刘凯	杭州	67787.4	167.4	33893.7
tc05019	李晴	杭州	202569.8	249.8	101284.9
tc05011	江宇	上海	77998.5	478.5	38999.25
tc05024	关嘉平	上海	98987.5	387.5	49493.75
tc05008	杨嘉玲	上海	111649.8	349.8	55824.9
tc05003	邓建	上海	514414.9	274.9	257207.45

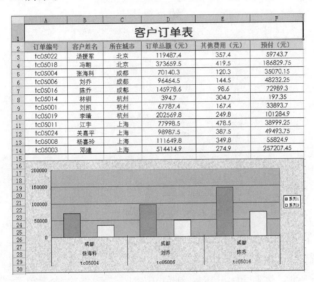

图 4-45　Excel 操作题 11

(12) 用 Excel 2010 制作如图 4-46 所示的"员工档案表.xlsx",要求如下:

· 设置表标题格式为隶书、20 号、靛蓝,表头格式为黑体、12 号、靛蓝,表内容格式为楷体、12 号、靛蓝。

· 对表格进行排序,主关键字为"政治面貌"。

员工档案表

员工编号	姓名	性别	民族	政治面貌	毕业院校	学历	出生日期	籍贯
001	王华	男	汉	党员	电子科技大学	本科	1979/4/12	四川绵阳
005	江彬	男	汉	党员	四川大学	本科	1981/6/27	甘肃兰州
010	韩兴	男	汉	党员	重庆大学	本科	1973/3/21	贵州遵义
012	杨梦	女	汉	党员	中国科技大学	本科	1981/12/18	湖北武汉
014	范涛	男	汉	党员	四川大学	本科	1983/10/25	河南郑州
					本科 计数	5		
003	李欣	女	汉	党员	同济大学	硕士	1978/4/14	陕西汉中
008	许洲	男	汉	党员	北京师范大学	硕士	1981/5/18	上海
011	张磊	男	汉	党员	西北农业大学	硕士	1978/2/14	重庆
					硕士 计数	3		
006	黄山	男	汉	党员	上海交通大学	专科	1981/1/18	四川成都
					专科 计数	1		
				党员 计数		9		
007	姚谊	男	汉	共青团员	东北大学	本科	1977/10/18	北京
					本科 计数	1		
002	李红	女	汉	共青团员	四川师范学院	专科	1981/5/18	广西桂林
004	陈凯	男	汉	共青团员	北京理工大学	专科	1980/7/25	陕西西安
009	李芳	女	汉	共青团员	复旦大学	专科	1976/9/14	云南昆明
013	王真	女	汉	共青团员	北京理工大学	专科	1971/11/20	湖南长沙
					专科 计数	4		
				共青团员 计数		5		
				总计数		14		

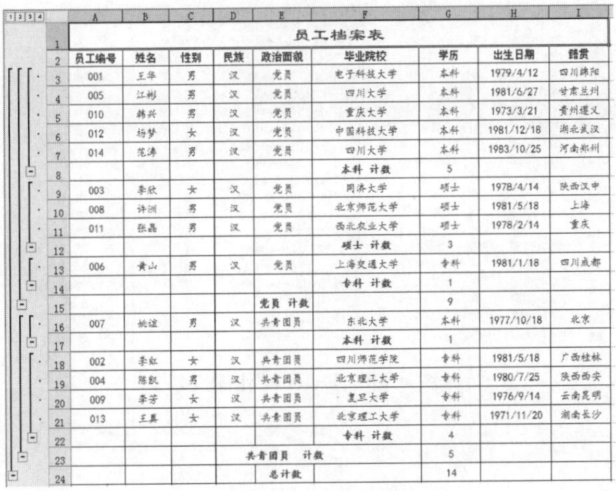

图 4-46　Excel 操作题 12

· 对表格进行分类汇总,分类字段为"学历",汇总方式为"计数",汇总项为"政治面貌",进行第二次分类汇总,将汇总项更改为"学历",效果如图 4-46 所示。

(13) 打开素材文件"销售统计表.xlsx"工作簿,利用条件格式,为 C、D、E 列中不同数据的单元格设置底纹,具体如下:

· 数据小于 100 的,填充为浅蓝色;

· 数据大于 100、小于 200 的,填充为紫色;

· 数据大于 200、小于 300 的,填充为绿色。

效果如图 4-47 所示。

工号	姓名	商品A	商品B	商品C	总销量	平均销量
销售统计表						
20041001	毛莉	175	285	120	580	193.33
20041002	杨青	99	175	164	438	146.00
20041003	陈小鹰	158	169	275	602	200.67
20041004	陆东兵	244	190	191	625	208.33
20041005	闻亚东	184	287	188	659	219.67
20041006	曹吉武	172	268	285	725	241.67
20041007	彭晓玲	185	271	176	632	210.67
20041008	傅珊珊	288	185	275	748	249.33
20041009	钟争秀	178	280	176	634	211.33
20041010	周旻璐	194	287	282	763	254.33
20041011	柴安琪	260	76	271	607	202.33
20041012	吕秀杰	181	283	187	651	217.00

图 4-47 Excel 操作题 13

(14) 用 Excel 制作如图 4-48 所示的表格。

· 对表名行进行单元格合并居中。

· 表名和表头行的字体加粗,设置暗红色填充底纹后将字体颜色设为白色。

· 在输入表格数据时注意相同数据的输入方法。

· 对表格边框和底纹、数据格式等进行设置,完成表格制作,保存为"档案表.xlsx"。

图 4-48 Excel 操作题 14

第5章 PowerPoint 2010 制作演示文稿

5.1 本章主要内容

PowerPoint 2010 是微软办公软件套件 Microsoft Office 2010 的重要成员之一,主要用于设计制作图文并茂、生动翔实的广告宣传、产品演示及教学培训等的演示文稿。

PowerPoint 2010 的主要功能包括在幻灯片中输入文字、图片、声音、影片资料,通过超级链接实现控制幻灯片展示信息的跳转以及利用动画实现信息的动态效果。

5.2 习题解答

1. 选择题

(1) 在 PowerPoint 2010 中,从头开始或从当前幻灯片开始放映的快捷操作是(　　)。

　　A. F5　　　　　B. Ctrl+S　　　　　C. Shift+F5　　　　　D. Ctrl+Esc

A

(2) 在幻灯片的放映过程中,要中断放映,可以直接按(　　)键。

　　A. Alt　　　　　B. Ctrl　　　　　C. Esc　　　　　D. Del

C

(3) 移动页眉和页脚的位置需要利用(　　)。

　　A. 幻灯片的母版　　　　　　　　B. 普通视图

　　C. 幻灯片浏览视图　　　　　　　D. 大纲视图

A

(4) 在 PowerPoint 2010 中,如果想设置动画效果,可以使用功能区(　　)选项卡下的"动画"命令组。

　　A. "格式"　　　B. "视图"　　　C. "动画"　　　D. "编辑"

C

(5) PowerPoint 2010 演示文稿文件的扩展名是(　　)。

　　A. .potx　　　　B. .pptx　　　　C. .ppsx　　　　D. .popx

B

(6) PowerPoint 2010 默认的视图是(　　)。

　　A. 幻灯片浏览视图　　　　　　　B. 普通视图

　　C. 阅读视图　　　　　　　　　　D. 幻灯片放映视图

B

(7) SmartArt 图形包括图形列表、流程图以及更为复杂的图形,例如维恩图和(　　)。

A. 幻灯片浏览视图   B. 幻灯片放映视图

C. 阅读视图   D. 组织结构图

D

2. 名词解释

(1) 演示文稿：

演示文稿是把静态文件制作成动态文件浏览,把复杂的问题变得通俗易懂,使之更加生动,给人留下更为深刻印象的幻灯片。

(2) PowerPoint：

PowerPoint 的中文意思是演示文稿。

(3) 功能区：

在 PowerPoint 2010 界面中,菜单栏又称为功能区。

(4) 幻灯片窗格：

幻灯片窗格是用来编辑演示文稿中当前幻灯片的区域,在这里可以对幻灯片进行所见即所得的设计和制作。

(5) 幻灯片的编辑：

幻灯片的编辑包括在幻灯片中输入文本内容,将输入的文本以更加形象的格式或效果呈现出来,还包括在幻灯片中插入图形、图像、音频、视频等多媒体元素等。

(6) 占位符：

占位符就是先占住一个固定的位置,等着用户再往里面添加内容的符号。

(7) 移动幻灯片：

移动幻灯片即调整幻灯片的前后顺序。

(8) SmartArt 图形：

SmartArt 图形是信息和观点的视觉表示形式。可以从多种不同布局中进行选择来创建 SmartArt 图形,从而快速、轻松、有效地传达和描述信息。

(9) "插入"选项卡下的"图像"命令组将可插入的图像分为图片、剪贴画、屏幕截图、相册四种类别。

图片是指插入来自文件的图片。

剪贴画是将剪贴画插入文档,包括绘图、影片、声音或库存照片,以展示特定的概念。

屏幕截图是指插入任何未最小化到任务栏的程序的图片,包括"可用视窗"和"屏幕剪辑"两个部分。

相册是根据一组图片创建或编辑一个演示文稿,每张图片占用一张幻灯片。

(10) 幻灯片母版：

幻灯片母版是 PowerPoint 2010 模板的一个部分,用于设置幻灯片的样式,包括标题和正文等文本的格式、占位符的大小和位置、项目符号和编号样式、背景设计和配色方案等。

3. 填空题

(1) PowerPoint 2010 模板的扩展名是_____文件。

→.potx

(2) 退出 PowerPoint 2010 就是退出_____。

→Windows 的应用程序

(3) 选中一张幻灯片后,按住_____键,单击其他幻灯片图标,即可选中多张不一

— 88 —

定连续的幻灯片。

→Ctrl

（4）在普通视图或幻灯片浏览视图下，选中一张或多张幻灯片后，按住＿＿＿＿＿组合键，或者单击"开始"选项卡下的＿＿＿＿＿命令组中的"复制"按钮，或者单击鼠标右键，在弹出的菜单中选择＿＿＿＿＿命令，即可将所选中的幻灯片复制到剪贴板里。

→Ctrl＋C；"剪贴板"；"复制"

（5）用＿＿＿＿＿和＿＿＿＿＿两组合键也可以实现幻灯片的移动。

→Ctrl＋X；Ctrl＋V

（6）PowerPoint 2010 中有四种不同类型的动画效果：进入、退出、强调和＿＿＿＿＿。

→动作路径

（7）用来编辑幻灯片的视图是＿＿＿＿＿。

→普通视图

（8）如果要调整页眉和页脚的位置，需要在幻灯片＿＿＿＿＿中进行操作。

→母版

（9）幻灯片的母版可分为幻灯片母版、讲义母版和＿＿＿＿＿母版等类型。

→备注

（10）演示文稿放映的缺省方式是＿＿＿＿＿，这是最常用的全屏幕放映方式。

→演讲者放映

4．简答题

（1）打开 PowerPoint 2010 的帮助信息有哪些方法？

打开"帮助"的方法有：

由"经典菜单"选项卡进入帮助；由"文件"选项卡进入帮助；快捷键 F1。

（2）添加新幻灯片的方法主要有哪些？

添加新幻灯片的方法主要有如下 4 种。注意，这 4 种方法中无论新建的是哪种版式的幻灯片，都可以继续对其版式进行修改。

① 选择所要插入幻灯片的位置，按下回车键，即可创建一个"标题与内容"幻灯片。

② 选择所要插入幻灯片的位置，在该幻灯片上单击右键，从弹出的快捷菜单中选择"新建幻灯片"，创建一个"标题和内容"幻灯片。

③ 在默认视图（普通视图）模式下，单击"开始"选项卡下的"新建幻灯片"命令上半部分图标 ，即可在当前幻灯片的后面添加系统设定的"标题和内容"幻灯片。

④ 在"开始"选项卡下单击"新建幻灯片"命令的下半部分字体或右下角的箭头 ，则出现不同幻灯片的版式供挑选，单击即可选择并新建相应的幻灯片。

（3）有哪几种创建演示文稿的方法？

PowerPoint 2010 提供了多种创建演示文稿的方法，包括"空白演示文稿""样本模板""主题"等新建演示文稿的方式。

（4）PowerPoint 2010 中"主题"和"模板"两个概念有什么不同？

在 PowerPoint 2010 中，"主题"和"模板"是两个不同的概念，通过比较基于"主题"和基于"模板"创建的演示文稿可以发现，"主题"包括 PPT 的颜色、字体和图形等外观设计，而"模板"不仅可以包含版式、主题颜色、主题字体、主题效果、背景样式，还可以包含内容。模板是扩展名为 .potx 文件的一个或一组幻灯片的模式或设计图，PowerPoint 自带的 Office.

com 文件上提供了很多不同类型的模板可供下载使用,大大简化了对新演示文稿的设计。

(5) 启动 PowerPoint 2010 有哪些方法?

启动 PowerPoint 2010 的方法有多种。其中常用的方法有以下几种。

① 在 Windows 7 的任务栏上选择"开始"→"所有程序"→ Microsoft Office → Microsoft PowerPoint 2010,然后单击。

② 在计算机任务栏上选择"开始"→"所有程序"→ Microsoft Office → Microsoft PowerPoint 2010,右键单击,在弹出的菜单中选择"发送到"→"桌面快捷方式"命令,建立起 PowerPoint 2010 的桌面快捷方式,然后,双击 PowerPoint 2010 的桌面快捷方式图标,即可快速启动 PowerPoint 2010。

③ 在计算机任务栏上选择"开始"→"所有程序"→ Microsoft Office → Microsoft PowerPoint 2010,右键单击,在弹出的菜单中选择"锁定到任务栏"命令(有的 Windows 7 版本可能没有"锁定到任务栏"命令)。此后,在任务栏上单击 PowerPoint 2010 程序图标即可快速启动该程序。

④ 双击已经存在的演示文稿,即可打开并启动 PowerPoint 2010 程序。

(6) 有哪些方法退出 PowerPoint 2010?

退出 PowerPoint 2010 就是退出 Windows 的应用程序,与 Word、Excel 一样,有多种退出方法,其中常用的方法有以下几种。

① 通过标题栏"关闭"按钮退出。

单击 PowerPoint 2010 窗口标题栏右上角的"关闭"按钮,退出 PowerPoint 2010 应用程序。

② 通过"文件"选项卡关闭。

单击"文件"选项卡文件,再单击"退出"按钮,退出 PowerPoint 2010 应用程序。

③ 通过标题栏右键快捷菜单,或者右上角控制图标的控制菜单关闭。

右击 PowerPoint 2010 标题栏,再单击快捷菜单中的"关闭"命令,或者单击右上角的控制图标,在控制菜单中单击"关闭"命令,退出 PowerPoint 2010 应用程序。

④ 使用快捷键关闭。

按键盘上的 Alt+F4 键,关闭 PowerPoint 2010。

(7) 简述 PowerPoint 2010 界面中的功能区。

在 PowerPoint 2010 主界面中,菜单栏又称为功能区。功能区包含以前在 PowerPoint 2003 及更早版本中的菜单栏(经典菜单)和工具栏上的命令和其他菜单项。功能区可以帮助用户快速找到完成某任务所需的命令。

功能区的上面一行最左边是"文件"选项卡,接着是"开始""插入"等选项卡。

(8) 简述 PowerPoint 2010 删除一张或多张幻灯片的操作步骤。

在 PowerPoint 中可以方便地删除一张或多张幻灯片,其操作步骤如下。

① 选中所需删除的一张或多张幻灯片。

② 按 Delete 键,或者单击"开始"选项卡中"剪贴板"命令组下的"剪切"命令,或者单击鼠标右键,在弹出的菜单中选择"删除"命令,即可删除不需要的幻灯片。

(9) 简述 PowerPoint 2010 设置艺术字的操作步骤。

设置艺术字的操作步骤如下。

① 选中需要设置艺术字的文字。

② 在"绘图工具格式"选项卡下的"艺术字样式"命令组中,单击"文本效果"命令,弹出

自定义艺术字样式菜单。

③ 单击"转换"菜单,在弹出列表中单击即可选择某种艺术字样式如"上穹弧"。

④ 如果对已经设置的艺术字样式不满意,可以清除艺术字样式或重新设置艺术字样式。"清除艺术字"命令在"艺术字样式"的最后一行。

(10) 简述 PowerPoint 2010 设置段落格式的操作步骤。

PPT 中段落格式的设置通过"段落"命令组来完成。"段落"命令组在"开始"选项卡下,第一行从左到右依次是项目符号、编号、左右缩进(降低/提高列表级别,减少/增大项目级别)。"段落"命令组中的大部分格式设置与 Word 2010 类似。

单击"段落"命令组右下角的 ,弹出"段落"对话框,在该对话框中可以对段落的"缩进和间距"及"中文版式"进行详细的设置。

5. 操作与设计题

(1) 从"文件"选项卡进入帮助的操作步骤。

从"文件"选项卡进入帮助的操作步骤如下。

单击"文件"选项卡,然后单击"帮助",如图 5-1 所示。再单击"Microsoft Office 帮助",弹出如图 5-2 所示的"PowerPoint 帮助"对话框。在该对话框中,可以单击帮助主题,寻找所需要的帮助信息。也可以在搜索框中输入查找关键词如"模板",单击搜索按钮 ,得到关于"模板"所有的信息,如图 5-2 所示,然后单击相关的超链接即可。如果习惯用目录来查找帮助的话,可以单击"目录"按钮 来打开目录,目录出现在对话框的左侧。

图 5-1　"文件"选项卡下的"帮助"　　图 5-2　搜索得到"模板"所有的信息

(2) 在 PowerPoint 2010 下基于"文件"选项卡创建空白演示文稿。

基于"文件"选项卡创建空白演示文稿的操作步骤如下。

① 单击"文件"选项卡,选择"新建"命令,出现如图 5-3 所示页面。

② 在"可用的模板和主题"窗格中,选择"空白演示文稿",并在右侧窗格中单击"创建"按钮即可创建一个新的空白演示文稿。

(3) 在 PowerPoint 2010 下修改幻灯片版式。

修改幻灯片版式的操作步骤如下。

① 单击"开始"选项卡下"幻灯片"命令组中的"版式"按钮。

② 弹出如图 5-4 所示的页面,页面中反色显示的,是当前选中幻灯片的版式。

③ 单击所需要的版式即可对当前幻灯片的版式进行修改。

(4) 在 PowerPoint 2010 下创建新的版式。

创建新的版式的操作步骤如下。

图 5-3 基于"文件"选项卡创建空白演示文稿

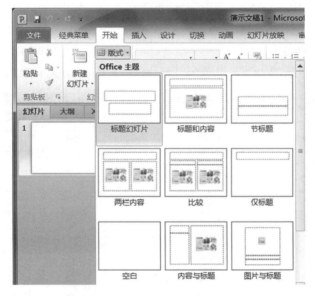

图 5-4 幻灯片版式

① 在母版视图下,选中左侧要添加新版式的幻灯片母版后,单击"编辑母版"命令组中的"插入版式",则在当前母版下方添加一张新的版式。

② 编辑版式:在新版式中可以插入各种元素,还可以插入各类占位符。单击"母版版式"命令组中的"插入占位符"命令,下面有各类占位符可供选择,如图 5-5 所示。

③ 编辑完毕后,关闭母版视图。

(5) 在 PowerPoint 2010 下设置幻灯片动画。

设置幻灯片动画的操作步骤如下。

① 选中需要设置动画的对象,单击"动画"选项卡,出现"动画"功能区,单击"动画"命令组中的下拉按钮 ,弹出动画效果库,选择某个预设效果。

② 在"动画"选项下的"预览"命令组中单击"预览"按钮可以对动画进行预览。

③ 在"动画"选项下的"动画"命令组中的"效果选项"下拉菜单中可以对效果的变化方

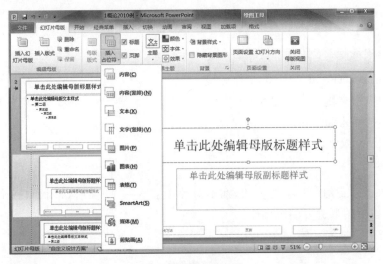

图 5-5　插入占位符

向进行修改。

④ 根据动画对象的需要,在"计时"命令组中的"开始"下拉列表框中选择其一:"单击时""与上一动画同时""上一动画之后"。通过"持续时间"功能项设置动画的持续时间;通过"延迟"功能项设置动画发生之前的延迟时间。

⑤ 当幻灯片动画对象有多个,需要调整幻灯片动画对象发生的时间顺序时,单击"高级动画"命令组中的"动画窗格"命令后,在右侧出现动画窗格。

动画窗格的列表框列出了当前幻灯片的所有动画对象。窗格中编号表示具有该动画效果的对象在该幻灯片上的播放次序,编号后面是动画效果的图标,可以表示动画的类型;图标后面是对象信息;对象框中的黄色矩形是高级日程表,通过它可以设置动画对象的开始时间、持续时间、结束时间等。选择其中一动画对象,可以通过 和 重新调整动画对象的播放顺序。如果要删除某个动画效果,选中后按 Delete 键,或是单击鼠标右键,从弹出的快捷菜单中选择"删除"命令。

⑥ 预览动画。单击动画窗格播放按钮,即可预览动画。

5.3　实　验　指　导

实验 1　建立 .pptx 文件

一、实验目的

(1) 熟悉 PowerPoint 2010 的工作环境,掌握演示文稿的建立。

(2) 实习演示文稿的建立和实际应用。

(3) 掌握 PPT 的创建技术。

二、实验内容

(1) 打开 PowerPoint 2010,建立幻灯片文件,包括文字、插图、插表等操作。

(2) 编辑幻灯片。

(3) 放映你制作的幻灯片。

实验2　在幻灯片中插入图形

一、实验目的

(1) 熟悉 PowerPoint 2010 的工作环境。

(2) 掌握演示文稿文件的建立。

(3) 图形的插入和编辑。

(4) 掌握演示文稿文件的创建技术和编辑技术。

二、实验内容

按照插入图形到幻灯片上的步骤,在幻灯片中插入一个"笑脸"形状和一个"云形"标注形状。之后,再对图形进行编辑操作。

图 5-6 所示是过程示例。

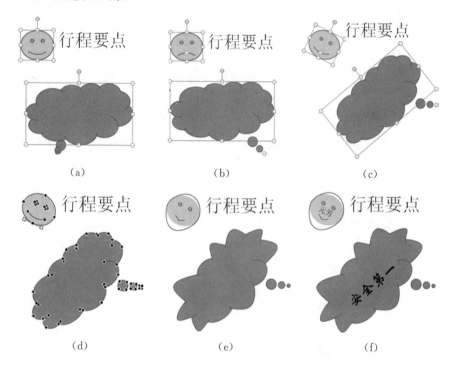

图 5-6　插入一个"笑脸"和一个"云形"标注形状

(1) 将图形移动到合适的地方。单击选中形状,并拖动鼠标,可以将形状拖动至合适的位置。

(2) 改变形状的大小。单击选中形状,将鼠标放置在形状的四个角的圆形控制点上,鼠标变为斜箭头时,可以对形状的大小进行整体的放缩调整;单击选中图形,将鼠标放置在包围形状四个边的中间控制点上,鼠标变为竖向或横向箭头时,可以对图形的高度和宽度进行调整,如图 5-6(a) 所示。

(3) 通过黄色的图形控制点调整图形。单击选中图形,如果图形上有黄色的图形控制点,将鼠标放置在黄色的控制点上,拖动可以对图形的特征进行变换和调整。图 5-6(b) 所示为将"笑脸"形状上嘴巴上的黄色控制点上移后的结果,以及将"云形"标注下端的黄色控制点右移后的结果。

(4) 旋转图形。单击选中图形,将鼠标放置在图形的绿色控制点上,拖动鼠标即可旋转图形,图 5-6(c)所示为将"笑脸"形状和"云形"标注分别向左向右旋转后的结果。

（5）改变图形形状。在图形上右击,从弹出的快捷菜单中选择"编辑顶点"命令,便可将该图形转化为一些关键顶点控制的曲线,如图 5-6(d)所示,通过拖动顶点即可改变图形以前的形状,在幻灯片的其他位置单击即可退出编辑模式,如图 5-6(e)所示。

（6）添加文字。在图形上右击,从弹出的快捷菜单中选择"编辑文字"命令,便可在图形中输入文本内容,也可以通过"字体"组设置字体格式等,在幻灯片的其他位置单击即可退出编辑模式,如图 5-6(f)所示。

实验 3　在演示文稿中插入声音

一、实验目的

（1）掌握演示文稿的创建技术和编辑技术。

（2）进一步熟悉 PowerPoint 2010 的工作环境。

（3）在演示文稿中插入音频。

二、实验内容

在演示文稿中插入声音。

为了使幻灯片有声有色,可以从文件或 CD 中插入音乐来配合幻灯片的播放,也可以使用麦克风录制声音并插入到幻灯片中。

插入声音的操作步骤如下。

（1）选择要插入声音的幻灯片,在"插入"选项下的"媒体"命令组中,单击"音频"命令,如图 5-7 所示,弹出的菜单中包括 3 个命令:"文件中的音频""剪贴画音频""录制音频"。

（2）如果想添加文件夹中的音频到幻灯片,则单击"文件中的音频"命令,弹出图 5-8 所示的"插入音频"对话框,选择自己喜欢的音频文件插入。

图 5-7　插入音频

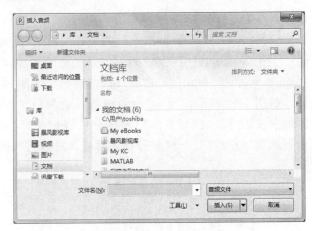

图 5-8　"插入音频"对话框

如果想添加剪贴画中的音频,则单击"剪贴画音频"命令,弹出图 5-9 所示的页面,搜索相关音频文件,单击插入。

如果想即时录制音频插入,单击"录制音频"命令,弹出图 5-10 所示的"录音"对话框。单击有红色圆形的"录制"按钮 ● 开始录音,单击有蓝色长方形的"停止"按钮 ■ 停止录音,单击有蓝色三角形的"播放"按钮 ▶ 对录制的音频进行播放。单击对话框中的"确定"按钮即可将当前录制的音频加入幻灯片中,单击"取消"按钮可以取消此次的音频插入。

(3) 预览音频文件。插入音频文件后,幻灯片中会出现声音图标,它表示刚刚插入的声音文件。在幻灯片中单击选中声音图标,如图 5-11 所示,在幻灯片上会出现一个音频工具栏,通过"播放/暂停"按钮可以预览音频文件,通过"静音/取消静音"按钮可以调整音量的大小。

图 5-9　插入剪贴画中的音频　　　　　　图 5-10　"录音"对话框

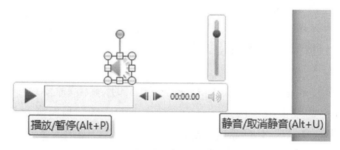

图 5-11　声音图标及其控制工具栏

如果觉得在幻灯片播放过程中有声音图标不好看,可参考下述第(4)步操作中,在图 5-12所示的"音频选项"命令组中选中"放映时隐藏"复选框。

(4) 利用"音频工具"编辑声音文件。在幻灯片中单击声音图标,在菜单栏上会出现"音频工具"选项卡,包括"格式"和"播放"两个选项页,选择"播放"选项卡中的命令来控制音频的播放。如图 5-12 所示,"预览"命令组可以播放预览音频文件;"书签"命令组可以在音频中添加书签,方便定位到音频中的某个位置;"编辑"命令组可以对音频的长度进行裁剪;"音频选项"命令组的下拉框和复选框可以对播放时间、次数和是否隐藏声音图标等进行设置。

图 5-12　"音频工具"选项卡下的"播放"选项页

实验 4　在演示文稿中插入视频

一、实验目的

（1）掌握幻灯片的创建技术和编辑技术。

（2）进一步熟悉 PowerPoint 2010 的工作环境。

（3）在演示文稿中插入视频。

二、实验内容

插入视频的操作步骤与插入音频的操作类似，基本步骤如下。

（1）选择需要插入视频的幻灯片。

（2）单击"插入"选项卡下"媒体"命令组中"视频"命令下的小三角形箭头，弹出如图5-13所示的下拉菜单，下拉菜单包括"文件中的视频""来自网站的视频""剪贴画视频"等 3 个命令。

如果要从文件中添加视频，选择"文件中的视频"命令，在弹出的"插入视频文件"对话框中选择视频文件进行插入即可。

如果要插入网站上的视频，选择"来自网站的视频"命令，弹出"从网站插入视频"对话框，将视频文件的嵌入代码拷贝、粘贴到文本框中，如图 5-14 所示，单击"插入"按钮即可完成插入。

图 5-13　插入视频　　　　　　　　图 5-14　"从网站插入视频"对话框

注意：视频文件的嵌入代码并不是它所在的网址，打开视频网址，鼠标放在视频右边，单击右侧的"分享"命令，在弹出的"分享"对话框中单击"复制 html 代码"按钮，即可复制该视频的嵌入代码。

如果要插入剪贴画视频，那么选择"剪贴画视频"命令，即可在弹出的剪贴画页面中，查找并插入相应的视频文件。

（3）视频文件的编辑。选中视频文件后，通过"视频工具"选项卡下的"格式"和"播放"选项页来进行编辑和预览。

"视频工具"选项卡下的"格式"选项页如图 5-15 所示，通过命令组中的命令，可以对整个视频重新着色，或者轻松应用视频样式，使插入的视频看起来雄伟华丽、美轮美奂。

"视频工具"选项卡下的"播放"选项页如图 5-16 所示，通过命令组中的命令，可以对整个视频的播放进行预览、编辑和控制，如通过添加视频书签，可以轻松定位到视频中的某些位置。

图 5-15 "视频工具"选项卡下的"格式"选项页

图 5-16 "视频工具"选项卡下的"播放"选项页

实验5 设计幻灯片放映中自动换片

一、实验目的

(1)掌握幻灯片的设计技术和编辑技术。

(2)进一步熟悉 PowerPoint 2010 的工作环境。

(3)掌握幻灯片放映时的自动换片技术。

二、实验内容

演示者有时需要幻灯片能自动换片,可以通过设置幻灯片放映时间的方法来达到目的。

设置幻灯片放映时间有两种方法:利用"切换"选项卡设置放映时间和利用"幻灯片放映选项卡设置"排练计时。但两者的最大区别在于,前者对所有幻灯片设置同一自动换片时间,后者则可以随心所欲地设置每张幻灯片的换片时间。

利用"切换"选项卡设置放映时间的操作步骤如下。

打开"切换"选项卡,选中"计时"命令组中的"设置自动换片时间"复选框,如图 5-17 所示,并设置换片的时间,"单击鼠标时"复选框可以和"设置自动换片时间"复选框同时选中,达到设置的自动换片时间则切换到下一张幻灯片,如果单击鼠标也会切换到下一张幻灯片。

自动设置放映时间的操作步骤如下。

(1)打开"幻灯片放映"选项卡,单击"设置"命令组中的"排练计时"命令,即可启动全屏幻灯片放映。

(2)屏幕上出现如图 5-18 所示的"录制"对话框,第一个时间表示在当前幻灯片上所用的时间,第二个时间表示整个幻灯片到此时的播放时间。此时,练习幻灯片放映,会自动录制下来每张幻灯片放映的时间。

换片方式

☑ 单击鼠标时

☑ 设置自动换片时间: 00:28.00

计时

图 5-17 设置换片方式

图 5-18 "录制"对话框

（3）幻灯片放映结束时，弹出图 5-19 所示的对话框，如果要保存这些计时以便将其用于自动运行放映，单击"是"按钮。

图 5-19　是否保留排练时间提示框

（4）幻灯片自动切换到幻灯片浏览视图方式，在每张幻灯片的左下角出现每张幻灯片的放映时间，如图 5-20 所示。

图 5-20　排练计时

实验 6　综合应用——公司简介的演示文稿

一、实验内容

学生小陈在华润医药集团有限公司进行专业实习。为了宣传公司形象，扩大公司的知名度，让广大客户进一步了解公司，公司要小陈制作一个公司简介演示文稿。

制作好的公司简介演示文稿实例效果如图 5-21 所示，共由 8 张幻灯片组成。

二、解决方案

在 Office 组件中，Word 适用于文字处理，Excel 适用于数据处理，只有 PowerPoint 适用于材料展示，如学术演讲、论文答辩、项目论证、产品展示、个人或公司介绍等，这是因为 PowerPoint 所创建的演示文稿具有生动活泼、形象逼真的动画效果，具有很强的感染力。

"演示文稿"就是指人们在介绍组织情况、阐述计划、实施方案时向大家展示的一系列材料。这些材料集文字、表格、图形、图像、声音于一体，并将其以页面（即幻灯片）的形式组织起来，向人们播放。演示文稿是可以全面展示公司、个人形象的强有力的工具。下面使用 PowerPoint 2010 制作华润医药集团有限公司的演示文稿。

三、实验要点指导

1. 创建演示文稿框架

（1）单击"文件"选项卡中的"新建"按钮，在打开的窗口中选择"可用的模板和主题"列表中的"主题"按钮。

（2）在"主题"列表中选择"暗香扑面"主题按钮，单击"创建"命令按钮，新建一个演示文稿，命名为"华润医药集团有限公司简介.pptx"。

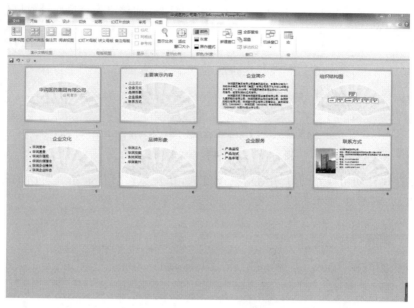

图 5-21　公司简介演示文稿

（3）按照需要，先完成幻灯片母版的设计，再对每张幻灯片的具体内容进行设计。

2. 演示文稿母版的设计

（1）幻灯片母版设计。

①选择"视图"选项卡中"母版视图"组的"幻灯片母版"按钮，弹出如图 5-22 所示的幻灯片母版视图。

②根据需要，对"主题"中已有的母版进行相应的修改。

下面只讲解对第一张母版的修改方法，其他母版的设计方法类似。

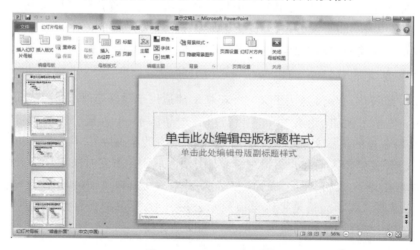

图 5-22　幻灯片母版视图

（2）修改第一张母版。

①选择第一张母版，在编辑区右击鼠标，弹出快捷菜单。

②选择"设置背景格式"命令，弹出"设置背景格式"对话框，如图 5-23 所示。

③选择"填充"栏的"图片或纹理填充"项，并单击"插入自：文件"按钮，在弹出的"插入图片"对话框中选择相应的背景图片文件。

④通过设置背景的上下、左右偏移量值，适当调整背景图片的大小和位置，如本母版设置偏移量为"左 0％，右－10％，上 0％，下 70％"；透明度为"20％"。单击"关闭"按钮，完成背景设置。

⑤选择快捷菜单中的"母版版式"命令，弹出"母版版式"对话框，如图 5-24 所示，对母版的占位符进行设置。

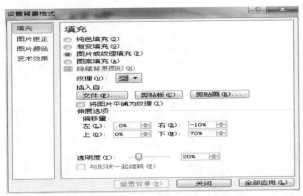

图 5-23　"设置背景格式"对话框

图 5-24　"母版版式"对话框

⑥保存设置好的母版，按以上操作制作好实例中的其他母版。

3．添加页眉页脚

选择"插入"选项卡中的"文本"组的"页眉和页脚"按钮，打开如图 5-25 所示的"页眉和页脚"对话框。用户根据具体要求进行设置。

4．新建幻灯片

根据演示文稿的要求，新建一张幻灯片，具体操作方法如下。

①选择"开始"选项卡中"幻灯片"组的"新建幻灯片"按钮中的 ▼，弹出下拉菜单，如图 5-26 所示。

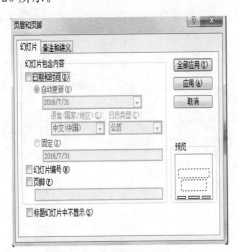

图 5-25　"页眉和页脚"对话框

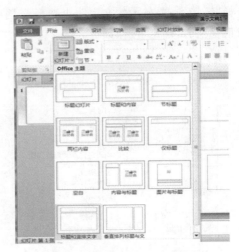

图 5-26　"新建幻灯片"下拉菜单

②选择相应的母版，然后单击，就插入了一张新幻灯片。

5．幻灯片中文字的编排

（1）幻灯片标题的输入。对新建的第一张幻灯片进行编辑：单击主标题虚线框并输入

"华润医药集团有限公司",然后在标题区以外任意处单击结束输入,副标题输入"公司简介",第一张幻灯片的效果如图 5-27 所示;也可以在幻灯片的大纲区直接输入标题。

(2)主体区中文本的输入。单击幻灯片的主体区,在光标处输入文本,当输入的文本超过文本框的长度且文本为一个段落时,不要按【Enter】键,文本自动换行,输入完一个段落的文字再按【Enter】键。第二张幻灯片的效果如图 5-28 所示。

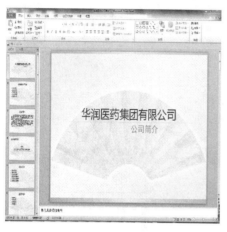

图 5-27　第一张幻灯片

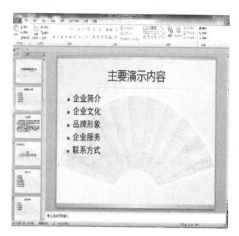

图 5-28　第二张幻灯片

(3)其他文本。若要添加独立的其他文本,则单击"插入"选项卡中"文本"组的"文本框"按钮,然后输入文本即可。采用此方法输入第三张幻灯片的内容。

6.添加超链接

以下是为第二张幻灯片中的内容添加超链接的操作步骤。

(1)在幻灯片视图中,打开需要加入超链接的第二张幻灯片,然后选中需要建立超链接的文本,如"企业简介"。

(2)单击"插入"选项卡中"链接"组的"超链接"按钮,在打开的"插入超链接"对话框中选择"链接到:要显示的文字",再选择文档中的位置"企业简介",如图 5-29 所示,然后单击对话框上的"确定"按钮即可。

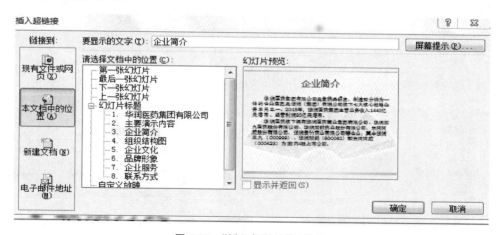

图 5-29　"插入超链接"对话框

(3)链接的文本将显示超链接的标志,如图 5-30 所示。

7. 添加组织结构图

下面介绍在第四张幻灯片添加组织结构图的操作步骤：

（1）在幻灯片视图中打开第四张组织结构图幻灯片。

（2）选择"插入"选项卡中"插图"组的"SmartArt"按钮，则弹出"选择 SmartArt 图形"对话框。

（3）选择"层次结构"列表中的"组织结构图"按钮，单击"确定"按钮，幻灯片中将插入一个组织结构图原型。

（4）双击结构图或选择"SmartArt 工具"的"设计"选项卡，如图 5-31 所示。利用图形编辑工具，为指定的形状插入"办公室""战略发展部""财务管理"等对象，并按要求修改结构图的框架结构。

图 5-30　显示超链接的文本标志

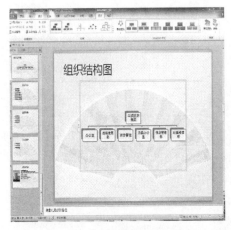

图 5-31　"设计"选项卡

（5）编辑好整个结构图后，在图外任意位置单击鼠标，退出编辑状态。

8. 动画效果的设置

通过"动画"选项卡的动画设置命令，可以对幻灯片中的各个部分设置不同的动画方案，按各部分所设置的顺序进行演示。

9. 幻灯片切换

利用"切换"选项卡的幻灯片切换命令，定义各幻灯片出现的不同方式。

10. 幻灯片的放映

PowerPoint 2010 提供了多种幻灯片放映方式，用户可根据需要选择合适的放映方式。常见的幻灯片放映方式有以下几种：

（1）单击 PowerPoint 2010 窗口右下角的"幻灯片放映"按钮 ，或"幻灯片放映"选项卡中"开始放映幻灯片"组的"从当前幻灯片开始"按钮，则从当前幻灯片开始放映。

（2）选择"幻灯片放映"选项卡中"开始放映幻灯片"组的"从头开始"按钮，或按快捷键【F5】，则从头开始放映。

（3）选择"广播幻灯片"按钮，则可以在 Web 浏览器中向远程观看者广播幻灯片。

（4）选择"自定义幻灯片放映"按钮，用户可以根据不同需求来选择播放幻灯片的张数、设置不同的播放顺序，来放映演示文稿。

11. 将演示文稿存为以放映方式打开的类型

（1）打开演示文稿"华润医药有限公司简介. pptx"。

（2）选择"文件"选项卡中的"另存为"按钮，打开"另存为"对话框，在该对话框中，选择保存文件位置为"桌面"，保存类型为"PowerPoint 放映（＊. ppsx)"。

（3）退出 PowerPoint 2010，在桌面上双击"华润医药有限公司简介. pptx"图标，便会自动放映演示文稿。

第6章 计算机网络基础及应用

6.1 本章主要内容

在人类发展史上,电子计算机的产生和发展已有一段相当长的历史。但是,以计算机为载体的互联网,不知何时开始,悄悄地进入并且融入人们的日常生活、工作和学习之中。在今天这个信息技术高度发展、信息量剧增的时代,网络成了人们最好的传播媒体。各大公司纷纷在网上建立自己的网页、网站,介绍公司的情况、宣传和销售公司的产品。类似的网站越来越多,许多不同种类的网上商城开业,不断地用诱惑的信息标榜各自的产品,顷刻之间,信息在网上广泛传播开来,使供给和需求的信息得到充分交流。人们可以足不出户,就能实现网上交易,大大促进了市场的供求两旺的局面。同样,对于学生来说,许多大型的考试报名和分数查询,都可以在网上进行。比如,国家的统一公务员考试也在网络上公布详情,考生们只要打开所在地区的招考网页,招聘部门、招考人数、职位、要求等一系列详细情况就一目了然。同样,人们热衷于使用 QQ、MSN 等聊天工具,它们把人与人之间的距离大大拉近。有关网络所实现的优良服务举不胜举。

在今天,没有一个行业不与这样的网络紧密联系在一起,网络已经遍及世界各个行业各个领域,它给人们带来了不可估量的机遇和财富,同时,也给人们带来了无法预期的许多潜在危机。所以,在信息时代,人们必须正确认识网络,了解网络,利用好网络,这将给我们的生活、工作、学习带来更大更多的好处。

6.2 习题解答

1. 选择题

(1) 在常用的传输介质中,(   )的带宽最宽,信号传输衰减最小,抗干扰能力最强。

    A. 双绞线　　　　B. 同轴电缆　　　　C. 光纤　　　　　　D. 微波

C

(2) 在 Internet 中能够提供任意两台计算机之间传输文件的协议是(   )。

    A. WWW　　　　　　　　　　　　B. FTP

    C. Telnet　　　　　　　　　　　　D. SMTP

B

(3) 下列(   )软件不是局域网操作系统软件。

    A. Windows NT Server　　　　　　B. Netware

    C. Unix　　　　　　　　　　　　　D. SQL Server

D

(4) HTTP 是( )。
　　A. 统一资源定位器　　　　　　　B. 远程登录协议
　　C. 文件传输协议　　　　　　　　D. 超文本传输协议

D

(5) HTML 是( )。
　　A. 传输协议　　　　　　　　　　B. 超文本标记语言
　　C. 统一资源定位器　　　　　　　D. 机器语言

B

(6) 下列四项内容中,( )不属于 Internet 的基本功能。
　　A. 电子邮件　　B. 文件传输　　　C. 远程登录　　　　D. 实时监测控制

D

(7) IP 地址由一组( )的二进制数字组成。
　　A. 8 位　　　　B. 16 位　　　　C. 32 位　　　　D. 64 位

C

(8) 下列地址( )是电子邮件地址。
　　A. www.pxc.jx.cn　　　　　　　B. chenziyu@163.com
　　C. 192.168.0.100　　　　　　　D. http://uestc.edu.cn

B

(9) 因特网使用的互联协议是( )。
　　A. IPX 协议　　　　　　　　　　B. IP 协议
　　C. AppleTalk 协议　　　　　　　D. NetBE

B

2. 名词解释

(1) 计算机网络:

计算机网络是指将分散在不同地点并具有独立功能的多台计算机系统用通信线路互相连接,按照网络协议进行数据通信,实现资源共享的信息系统。

(2) 资源共享:

所谓资源共享是指所有网内的用户均能享受网上计算机系统中的全部或部分资源,这些资源包括硬件、软件、数据和信息资源等。

(3) 客户机:

在计算机网络中享受其他计算机提供的服务的计算机就称为客户机。

(4) 网络信息:

计算机网络上存储、传输的信息称为网络信息。

(5) 公用网(public network):

公用网也称公众网,一般由电信公司作为社会公共基础设施建设,任何人只要按照规定注册、交纳费用都可以使用。

(6) 专用网(private network):

专用网也称私用网,由某些部门或组织为自己内部使用而建设,一般不向公众开放。例如军队、铁路、电力等系统均有本系统的专用网。

(7) 城域网 MAN:

城域网 MAN 是指地理覆盖范围大约为一个城市的网络。

（8）对等网：

对等网指的是网络中没有专用的服务器、每一台计算机的地位平等、每一台计算机既可充当服务器又可充当客户机的网络。最简单的对等网由两台使用有线或无线连接方式直接相连的计算机组成。

（9）WWW：

WWW 是 world wide web 的简称，译为万维网或全球网。它并非传统意义上的物理网络，而是方便人们搜索和浏览信息的信息服务系统。

（10）HTTP：

HTTP（hyper text transfer protocol，超文本传送协议）是带有内建文件类型标识的文件传输协议，主要用于传输 HTML 文本。在 URL 中，http 表示文件在 Web 服务器上。

3．填空题

（1）计算机通信网络是计算机技术和_____相结合而形成的一种新通信方式。

→通信技术

（2）世界上最庞大的计算机网络是_____。

→因特网

（3）建立计算机网络的主要目的是实现在计算机通信基础上的_____。

→资源共享

（4）在计算机网络中，核心的组成部分是_____。

→服务器

（5）集线器用于_____之间的转换。

→网络连线

（6）集线器用于把网络线缆提供的网络接口_____。

→由一个转换为多个

（7）中继器，又称转发器，用于连接_____。

→距离过长的局域网

（8）网关提供_____间互联接口。

→不同系统

（9）网关用于实现_____之间的互联。

→不同体系结构网络（异种操作系统）

（10）网络信息是计算机网络中最重要的资源，它存储于_____，由网络系统软件对其进行管理和维护。

→服务器上

4．简答题

（1）什么是计算机网络？

简单地说，计算机网络就是通过电缆、电话或无线通信设备将两台以上的计算机相互连接起来的集合。

（2）计算机网络涉及哪三个方面的问题？

计算机网络涉及三个方面的问题。

① 要有两台或两台以上的计算机才能实现相互连接构成网络，达到资源共享的目的。

② 两台或两台以上的计算机连接，实现通信，需要有一条通道。这条通道的连接是物

理的,由硬件实现,这就是连接介质(有时称为信息传输介质)。它们可以是双绞线、同轴电缆或光纤等"有线"介质;也可以是激光、微波或卫星等"无线"介质。

③ 计算机之间要通信交换信息,彼此就需要有某些约定和规则,这就是协议,例如TCP/IP协议。

(3) 建立计算机网络具有哪五个方面的功能?

① 实现资源共享。

② 进行数据信息的集中和综合处理。

③ 能够提高计算机的可靠性及可用性。

④ 能够进行分布处理。

⑤ 节省软件、硬件设备的开销。

(4) 简述计算机发展的四个阶段。

第1阶段:计算机技术与通信技术相结合(诞生阶段)。

第2阶段:计算机网络具有通信功能(形成阶段)。

第3阶段:计算机网络互联标准化(互联互通阶段)。

第4阶段:计算机网络高速和智能化发展(高速网络技术阶段)。

(5) 计算机网络的组成基本上包括哪些内容?

总体来说,计算机网络的组成基本上包括计算机、网络操作系统、传输介质(可以是有形的,也可以是无形的,如无线网络的传输介质就是自由空间(包括空气和真空))以及相应的应用软件四部分。

(6) 常用的服务器有哪些?

常用的服务器有文件服务器、打印服务器、通信服务器、数据库服务器、邮件服务器、信息浏览服务器和文件下载服务器等。

(7) 简述网桥的作用。

网桥又称桥接器,也是一种网络连接设备,它的作用有些像中继器,但是它并不仅仅起到连接两个网络段的功能,它是更为智能和昂贵的设备。网桥用于传递网络系统之间特定信息的连接端口设备。网桥的两个主要用途是扩展网络和通信分段,是一种在链路层实现局域网互联的存储转发设备。

(8) 什么是网络的拓扑结构?

计算机网络的拓扑结构,是指网上计算机或设备与传输媒介形成的结点与线的物理构成模式。

(9) 简述FTP服务方式中的非匿名FTP服务。

对于非匿名FTP服务,用户必须先在服务器上注册,获得用户名和口令。在使用FTP时必须提交自己的用户名和口令,在服务器上获得相应的权限以后,方可上传或下载文件。

(10) 简述远程登录服务。

远程登录服务,即通过Internet,用户将自己的本地计算机与远程服务器进行连接。一旦实现了连接,由本地计算机发出的命令,可以到远程计算机上执行,本地计算机的工作情况就像是远程计算机的一个终端,实现连接所用的通信协议为Telnet。通过使用Telnet,用户可以与全世界许多信息中心图书馆及其他信息资源联系。

6.3　实验指导

实验 1　浏览器的使用

一、实验目的

(1) 熟悉 IE 浏览器的使用。

(2) 其他浏览器也可类似使用。

二、实验内容

1. 实验说明

IE, 即"Internet Explorer", 是美国微软公司开发的万维网浏览器。无论是搜索新信息还是浏览我们喜爱的站点, Internet Explorer 都能够让我们从 WWW 上轻松获得丰富的信息。使用 IE 浏览器, 不仅要学会浏览网页, 而且应该掌握如何将正在浏览的网页保存到本地磁盘中的方法及保存一个喜欢的图形的方法。

在 Windows 7 系统下, IE 是内置的, 不需另外安装。

在本实验中, 我们要练习有关 IE 浏览器的常用操作, 例如: IE 的启动与退出; 对网页的浏览; 对网页、图片、文字的保存; 超链接和网址间的跳转; 地址的收藏与整理; 对默认主页、Internet 临时文件、历史记录等方面的设置。

2. IE 浏览器的启动和退出

(1) IE 浏览器的启动方法有:

① 双击桌面上的 Internet Explorer 图标。

② 单击任务栏上的 IE 浏览器的图标。

③ 选择"开始"菜单中"所有程序", 在其级联菜单中单击"Internet Explorer"命令。

(2) 退出 IE 浏览器最简单的方法是: 在 IE 窗口中, 单击标题栏上最右端的"关闭"按钮。

3. 网页的浏览方法

(1) 键入网址的方法是:

① 在 IE 窗口中, 鼠标单击地址栏输入框。

② 在地址栏输入框中输入要访问的网址。

如果连接成功, 则将出现相应的页面。

(2) 选择地址列表的方法是:

① 在 IE 窗口中, 单击地址栏输入框右端的向下箭头按钮, 则打开了地址栏的下拉列表框, 如图 6-1 所示。

② 在该下拉列表框中单击先前已访问过的某个网址。

(3) 使用收藏夹的方法是:

① 在 IE 窗口中, 单击工具栏上的"收藏夹"按钮★, 则出现"收藏夹"栏, 如图 6-2 所示。

② 在"收藏夹"栏中, 单击要访问的某个网址。

(4) 在新窗口中浏览的方法是:

① 在网页上查找到所要访问的链接网址或超链接。

② 用鼠标右键单击它们。

③ 在弹出的快捷菜单中单击"在新窗口中打开"命令,如图 6-3 所示。

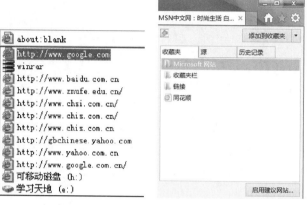

图 6-1　地址栏的下拉列表框　　图 6-2　"收藏夹"栏　　图 6-3　单击"在新窗口中打开"命令

(5) 利用超链接的方法是:

① 将鼠标指向网页中的超链接,此时鼠标指针变为导航手型指针。

② 单击鼠标左键,则打开了相关的链接网页。

4. 网页内容的保存

(1) 整个网页的保存。

① 打开将要保存的网页。

② 单击右上角的工具按钮(齿轮状)或按 Alt＋X 键,如图 6-4 所示,单击弹出的菜单中的"文件"→"另存为"命令,则弹出"保存网页"对话框,如图 6-5 所示。

图 6-4　工具按钮的下拉菜单

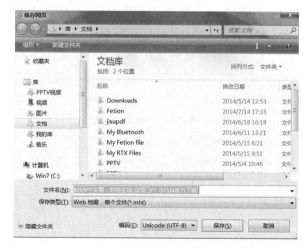

图 6-5　"保存网页"对话框

③ 在"保存网页"对话框中,设定保存网页路径、文件的名称、保存类型,并选择要存放的目标地址。

④ 设置完毕,单击"保存"按钮。

（2）网页文字的保存。

① 在网页上按住鼠标左键并拖动鼠标，以选定所需文字。

② 鼠标右键单击所选文字，在弹出的快捷菜单中单击"复制"命令。

③ 打开一个文字编辑器，再执行"粘贴"命令。

④ 最后将该指定文件存盘。

（3）网页图片的保存。

① 鼠标右键单击所要保存的网页图片。

② 在弹出的快捷菜单中单击"图片另存为"命令，则弹出"保存图片"对话框，如图 6-6 所示。

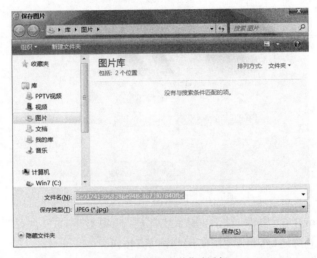

图 6-6　"保存图片"对话框

③ 在"保存图片"对话框中，设定保存图片文件的名称、保存类型，并选择要存放的目标地址。

④ 设置完毕，单击"保存"按钮。

（4）HTML 源代码的保存。

① 单击"查看"菜单中的"源文件"命令，便会以文本编辑器方式（如记事本）显示出当前网页的源代码。

② 单击该文本编辑器的"文件"菜单，则产生其下拉菜单。

③ 在该级联菜单中单击"保存"命令，便可保存该 HTML 源代码文件。

5. 超链接和网址间的跳转

（1）其他链接的跳转。

① 鼠标指针移至网页中充当超链接的图片、图像或带下划线的文字上，此时鼠标指针变为导航手型指针。

② 单击鼠标左键，则可跳转到相应内容。

（2）已浏览过的网址间的跳转。

① 单击任务栏上另外一个浏览器窗口的任务按钮，切换当前窗口。

② 在 IE 窗口中，单击工具栏上的"后退"按钮，则返回到当前网页前一次访问过的网页。

③ 单击工具栏上的"前进"按钮，又可逐页跳转到后面的网页。

6. IE 默认主页的设置

通过快捷菜单中的"属性"命令。

① 在桌面上用鼠标右键单击"Internet Explorer"图标，在弹出的快捷菜单中单击"属性"命令，则弹出"Internet 属性"对话框，如图 6-7 所示。

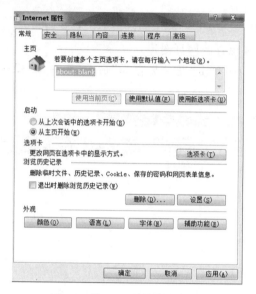

图 6-7 "Internet 属性"对话框

② 在弹出的"Internet 属性"对话框中的"常规"选项卡下，在"主页"栏下的地址输入框中输入自己喜欢的主页地址，再单击"使用当前页"按钮。

③ 设置完毕，单击"确定"按钮。

实验 2　文件下载

一、实验目的

(1) 实验网络应用技术。

(2) 熟练地从站点下载所需要的文件。

(3) 掌握在网络上下载资料的方法和技术。

二、实验内容

从站点下载一个软件，例如 Winzip。

(1) 登录 Internet。

(2) 搜索免费下载 Winzip 软件的站点。

(3) 在地址栏中输入可以免费下载的网址。

(4) 在网页上查找要下载的软件，单击可以下载的链接，有时要几个链接才能到位，单击"下载 Winzip"的链接。

(5) 选择"将该程序保存到磁盘"选项，并确认。

(6) 在"另存为"对话框中，选择保存文件的磁盘、目录和文件名(一般用默认名)，并确认，文件即可下载到指定位置。

(7) 按提示信息安装所下载的程序。

实验 3　搜索引擎的使用

一、实验目的

（1）利用 baidu.com 搜索所需资料。

（2）熟悉网上搜索。

二、实验内容

1. 实验说明

搜索引擎能使我们在 Internet 上查找信息的过程变得简单、容易。它拥有"网络指南针"的美称，专门用于搜索 WWW 站点或服务器。

搜索引擎一般都具备分类目录查询和主题关键字查询两种功能。按照分类目录或主题关键字搜索后，搜索引擎会列出与之匹配的站点列表。在这些列表中显示出一组相关链接的内容，它们充当着指向各相关站点的"连接点"，我们从中单击所需的"连接点"，便可进入对应的网站页面。

其中，常用的搜索引擎包括有中国雅虎、搜狗、腾讯搜搜、360 搜索、百度等。

在本实验中，我们将通过百度等搜索引擎，练习对搜索引擎的使用，查找出所需资料。

2. 网页内容的搜索方式

进入百度：https://www.baidu.com。

（1）通过分类目录搜索网页内容。

如图 6-8 所示，选取新闻、网页、百科等目录。

（2）通过主题关键字搜索网页内容。

① 在搜索关键字输入框中输入相关查询文字，例如输入关键字"武汉学院信息系"，如图 6-9 所示。

② 单击搜索关键字输入框右侧的"百度一下"按钮，便开始进行搜索。

图 6-8　通过分类目录搜索网页内容

图 6-9　输入主题关键字"武汉学院信息系"

3. 使用百度搜索引擎查找所需的歌曲

① 在 IE 浏览器的地址栏中输入"https://www.baidu.com"，按下回车键或单击地址栏右侧的"转到"按钮，或打开 IE 浏览器的地址栏的下拉列表框，在列表框中单击已有的"https://www.baidu.com"项，或在 IE 浏览器窗口中的工具栏上，单击"收藏夹"按钮，在窗口左侧出现的"收藏夹"列表框中单击已收藏的"百度"网址，则会出现"百度"搜索引擎页面。

② 在"百度"搜索引擎页面中的搜索关键字输入框内，输入要查找的主题关键字，例如输入"同一首歌"，再单击"音乐"选项，如图 6-10 所示，再单击"百度一下"按钮。

③ 搜索结果的页面如图 6-11 所示。

图 6-10　输入主题关键字"同一首歌"　　　图 6-11　搜索"同一首歌"的结果页面

4. 使用"指定网域"缩小搜索范围的方式进行查找

若要在某个特定的域或站点中进行搜索，以缩小搜索范围，我们可以在相应的搜索关键字输入框中输入"site：xxxxx.com"。

① 使用上述操作中介绍的关于打开百度搜索引擎页面的方法，进入百度搜索引擎页面。

② 在搜索关键字输入框中输入"信息系 site：whxy.net"，如图 6-12 所示，即在指定的"武汉学院"网站中搜索有关"信息系"的内容信息。

③ 单击"百度一下"按钮，则产生相应的搜索结果页面，如图 6-13 所示。

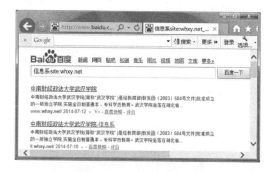

图 6-12　输入"信息系 site：whxy.net"　　　图 6-13　指定网域的搜索结果

另外，我们还可以同时使用"指定网域"和"指定查找文件类型"相结合的方法，进一步缩小范围查找出所需的内容。例如在百度的搜索关键字输入框中输入"信息系 filetype：pdf site：whxy.net"，如图 6-14 所示，即在"武汉学院"网站中搜索有关"信息系"的 PDF 文档。搜索结果如图 6-15 所示。

图 6-14　"指定网域"和"指定查找文件类型"　　　图 6-15　两种方法结合使用的搜索结果
　　　　　相结合的方法

实验 4　配置 TCP/IP 协议

一、实验目的

(1) 掌握 Windows 7 下 TCP/IP 协议的安装步骤。

(2) 学会 Windows 7 下配置 TCP/IP 协议的属性。

二、实验内容

1. 实验说明

TCP/IP(transmission control protocol /internet protocol,传输控制协议/互联网协议)是 Internet 采用的一种网络互联标准协议,它规范了网络上的所有通信设备之间数据往来的格式以及传送方式。

对于要传输的信息,TCP 将其分割成若干个小的信息包,每个信息包标有送达地址和序号,而 IP 将这些包送到指定的远程计算机,当信息到达后又经 TCP 检查、接收和连接。可见,Internet 的信息传输是在 TCP/IP 控制下进行的。在工作过程中,TCP 和 IP 总是保持协调一致,以保证数据报的可靠传输。

TCP/IP 的重要作用不言而喻,在深入了解和使用 TCP/IP 之前,我们需要学会如何安装 TCP/IP 协议,并在其基础之上,学会配置 TCP/IP 协议的属性。

2. 实验虚拟

配置要求清单

IP 地址:222.20.145.19

子网掩码:255.255.255.0

默认网关:222.20.145.8

DNS 服务器:202.114.234.1 202.103.24.68

请按以上配置清单,基于 Windows 7 配置 TCP/IP 协议。

3. TCP/IP 协议的安装步骤

(1) 打开"控制面板"窗口,选择"网络和共享中心",或者右击桌面上的"网络"图标,在弹出的快捷菜单中单击"属性"命令,进入"网络和共享中心"窗口,如图 6-16 所示。

(2) 单击左上角的"更改适配器设置"选项进入网络连接,如图 6-17 所示。

图 6-16　"网络和共享中心"窗口

图 6-17　进入网络连接

(3) 右击"本地连接",在弹出的快捷菜单中单击"属性"命令,如图 6-18 所示,进入"本地

连接 属性"对话框,如图 6-19 所示。

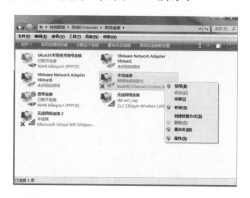
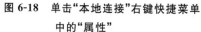

图 6-18 单击"本地连接"右键快捷菜单中的"属性"

图 6-19 "本地连接 属性"对话框

(4) 在"本地连接 属性"对话框中,在"此连接使用下列项目"列表框中,选择进入"Internet protocol version 4(TCP/IPv4)",即 Internet 协议版本 4,设置 IP 地址,如图 6-20 所示。

(5) 双击打开,如图 6-21 所示。系统默认设置是"自动获得 IP 地址"和"自动获得 DNS 服务器地址",用户配置 IP 地址选择"使用下面的 IP 地址"以及"使用下面的 DNS 服务器地址"两项,然后按前面的配置要求清单输入。

图 6-20 选择进入 TCP/IPv4

图 6-21 设置 IP 地址

(6) 输入完毕,单击"确定"按钮,则返回到"本地连接 属性"对话框。

(7) 单击"本地连接 属性"对话框中的"确定"按钮,关闭"网络连接"窗口,配置完成。

第7章 多媒体技术基础

7.1 本章主要内容

本章介绍多媒体技术的基础概念、多媒体计算机的系统组成以及相关信息处理技术,并介绍图像处理软件 Photoshop、音频创建软件 Cool Edit 以及视频创建软件 Windows Movie Maker 的基本操作。

20 世纪 60 年代以来,很多技术专家就致力于研究将文字、图形、图像、声音、视频作为新的信息输入到计算机,使计算机的应用更加丰富多彩。多媒体技术的出现,标志着信息时代一次新的革命,通过计算机对语音和图像进行实时的获取、传输及存储,使人们获取和交互信息流的渠道豁然开朗,既能听其声,又能见其人,虽千里之外,但仿佛近在咫尺,改变了人们的交互方式、生活方式和工作方式,从而对整个社会结构产生了重大影响。

7.2 习题解答

1. 名词解释

(1) 媒体:

媒体,通常指大众信息传播的手段,如电视、报刊等,常说的新闻媒体、电视媒体等就属于这个概念范畴。在计算机领域中,媒体有两种具体含义:一种是指存储的物理实体,如磁盘、磁带、光盘等;另一种是指信息的表现形式或载体,如文字、图形、图像、声音和视频等。多媒体技术中的媒体通常是指后者。

(2) 多媒体:

多媒体是文字、图形、图像、声音和动画等各种媒体的有机组合。通常情况下,多媒体并不仅仅指多媒体本身,而主要是指处理和应用它的一套技术。因此,多媒体实际上常被看作多媒体技术的同义词。

(3) 多媒体技术:

多媒体技术是指利用计算机技术把多媒体信息综合一体化,使它们建立起逻辑联系,并能进行加工处理的技术。对信息的加工处理主要是指对这些媒体的录入、对信息的压缩和解压缩、存储、显示、传输等。显然,多媒体技术是一种基于计算机的综合技术,包括数字化信息的处理技术、音频和视频技术、计算机硬件和软件技术、人工智能和模式识别技术、通信和图像处理技术等,因而是一门跨学科的综合技术。

(4) 数字化:

数字化是指各种媒体的信息都是以数字的形式进行存储和处理的,而不是传统的模拟信号方式。数字化给多媒体带来的好处是:数字不仅易于进行加密、压缩等数值运算,还可提高信息的安全性与处理速度,而且抗干扰能力强。

(5) 集成性:

集成性主要是指将媒体信息以及处理这些媒体的设备和软件集成在同一个系统中。媒体集成包括统一捕捉、统一存储等方面;设备集成是指计算机能和数码照相机、扫描仪、打印机等各种输入/输出设备联合工作;软件集成是指集成一体的多媒体操作系统、创作工具以及各类应用软件。

(6) 多样性:

多样性不仅指信息表现媒体类型的多样性,同时也指媒体输入、传播、再现和展示手段的多样性。多媒体计算机将图像和声音等信息纳入计算机所能处理和控制的媒体之中,较之只能产生和处理文字、图形及动画的传统计算机,显然来得更生动、更活泼、更自然。这种表现形式和方法已在电影、电视的制作过程中采用,今后在多媒体的应用中也会愈来愈多地使用。

(7) 交互性:

多媒体技术的关键特性是交互性。它向用户提供更加有效地控制和使用信息的手段和方法,同时也为计算机应用开辟了更加广阔的领域。随着多媒体技术的飞速发展,信息的输入/输出由单一媒体转变为多媒体,人与计算机之间的交互手段多样化,除键盘、鼠标等传统输入手段外,还可通过语音识别、触摸屏输入等。而信息的输出也多样化了,既可以以文本形式显示,又可以以声音、图像、视频等形式出现。随着多媒体技术和计算机智能研究的发展,人机之间的交互将更加智能、和谐、自然。

(8) 文本:

文本是计算机中最基本的信息表示方式,包含字母、数字与各种专用符号。多媒体系统除了利用字处理软件实现文本输入、存储、编辑、格式化与输出等功能外,还可应用人工智能技术对文本进行识别、翻译与发音等。

(9) 图形:

图形一般是指通过绘图软件绘制的由直线、圆、圆弧、任意曲线等组成的画面,图形文件中存放的是描述生成图形的指令(图形的大小、形状及位置等),一般是用图形编辑器或者由程序产生,以矢量图形文件形式存储。

(10) 图像:

图像有两种来源:扫描静态图像和合成静态图像。前者是通过扫描仪、数码照相机等输入设备捕捉的真实场景的画面;后者是通过程序、屏幕截取等方式生成的。数字化后的文件以位图形式存储。图像可以用图像处理软件(如 Photoshop)等进行编辑和处理。

2. 填空题

(1) 多媒体技术的关键特性是_____。

→交互性

(2) 集成性主要是指将媒体信息以及_____集成在同一个系统中。

→处理这些媒体的设备和软件

(3) 多媒体实际上常被看作_____的同义词。

→多媒体技术

(4) 为了提高计算机处理多媒体信息的能力,应该尽可能地采取:_____。

→多媒体信息器

(5) 加速显示卡(accelerated graphics port,AGP)主要完成_____的流畅输出。

→视频

（6）一幅 640×480 分辨率的 24 位真彩色图像的数据量约为_____。

→900 KB

（7）静态图像是计算机多媒体创作中的基本视觉元素之一，根据它在计算机中生成的原理不同，可以将其分为_____和矢量图形两大类。

→位图图像

（8）视频文件可以分为两大类：一类是影像文件，另一类是_____。

→流式视频文件

（9）RealMedia 包括 RA(RealAudio)、_____和 RF(RealFlash)三类文件格式。

→RV(RealVideo)

（10）在视觉信息的数字化中，静态图像根据它们在计算机中生成的原理不同，分为位图（光栅）图像和_____两种。

→矢量图形

3. 简答题

（1）数字化给多媒体带来什么好处？

数字化给多媒体带来的好处是：数字不仅易于进行加密、压缩等数值运算，还可提高信息的安全性与处理速度，而且抗干扰能力强。

（2）多媒体技术包括哪些内容？

多媒体技术是一种基于计算机的综合技术，包括数字化信息的处理技术、音频和视频技术、计算机硬件和软件技术、人工智能和模式识别技术、通信和图像处理技术等，因而是一门跨学科的综合技术。

（3）图形和图像有什么区别？

图形一般是指通过绘图软件绘制的由直线、圆、圆弧、任意曲线等组成的画面，图形文件中存放的是描述生成图形的指令（图形的大小、形状及位置等），一般是用图形编辑器或者由程序产生，以矢量图形文件形式存储。

图像有两种来源：扫描静态图像和合成静态图像。前者是通过扫描仪、数码照相机等输入设备捕捉的真实场景的画面；后者是通过程序、屏幕截取等方式生成的。数字化后的文件以位图形式存储。图像可以用图像处理软件（如 Photoshop）等进行编辑和处理。

（4）计算机中的音频处理技术主要包括哪些？

在计算机中的音频处理技术主要包括声音的采集、数字化、压缩和解压缩、播放等。

（5）视频的处理技术包括哪些内容？

视频的处理技术包括视频信号导入、数字化、压缩和解压缩、视频和音频编辑、特效处理、输出到计算机磁盘、光盘等。

（6）视频卡的主要功能是什么？其信号源有哪些？

视频卡主要完成视频信号的 A/D 和 D/A 转换及数字视频的压缩和解压缩功能。其信号源可以是摄像头、录放像机、影碟机等。

（7）Photoshop CS4 的菜单栏包括哪些内容？

Photoshop CS4 的菜单栏包括文件、编辑、图像、图层、选择、滤镜、分析、3D、视图、窗口、帮助等。

（8）视频处理软件会声会影 X3 的主要功能包括哪些？

视频处理软件会声会影 X3 主要功能包括：

① 从各种设备捕获视频和照片。

② 创建美妙绝伦的动态菜单。

③ 上传影片到 YouTube 等。

④ 添加覆叠轨转场和自动交叉淡化。

⑤ 使用多覆叠轨创建复杂的蒙太奇和画中画效果。

⑥ 自动摇动和缩放。

⑦ 完美的杜比数码 5.1 环绕立体声音响效果。

⑧ 在视频上绘图或编写内容,甚至可以在地图上描绘家庭旅游线路。

⑨ 方便使用帧、Flash 动画。

⑩ 丰富的模板和创新效果滤镜。

(9) 简述多媒体硬件系统的组成。

构成多媒体硬件系统除了需要较高性能的计算机主机硬件外,通常还需要音频、视频处理设备,光盘驱动器,各种媒体输入/输出设备等。例如,摄像机、话筒、录像机、扫描仪、视频卡、声卡、实时压缩和解压缩专用卡、家用控制卡、键盘与触摸屏等。

(10) 多媒体核心软件包括哪些内容?

多媒体核心软件包括多媒体操作系统(multi-media operating system,MMOS)和音/视频支持系统(audio/video support system,AVSS),或音/视频核心(audio/video kernel,AVK),或媒体设备驱动程序(medium device driver,MDD)等。

4. 计算题

要在计算机上连续显示分辨率为 1280×1024 的 24 位真彩色高质量的电视图像,按每秒 30 帧计算,显示 1 分钟,则数据量大约为多少?

1280 列×1024 行×3B×30 帧/s×60s≈7.1 GB

7.3 实 验 指 导

实验 1 Windows 7 Media Player

一、实验目的

(1) Windows 7 Media Player 是 Windows 7 自带的多媒体播放软件,Microsoft Windows Media Player 可以播放和组织计算机及 Internet 上的数字媒体文件。此外,可以使用播放机播放、翻录和刻录 CD,播放 DVD 和 VCD,将音乐、视频和录制的电视节目同步到便携设备(如便携式数字音频播放机、Pocket PC 和便携媒体中心)中。

(2) Windows Media Player 帮助包含与其有关的基本信息。在 Internet 上还有其他一些资源,可以提供特定帮助。

(3) Windows Media Player 在线:包含为初学者量身定做的内容,可以帮助用户使用播放机在任何地方发现、播放和利用数字媒体。

(4) 疑难解答:包含与各种支持资源的链接,这些资源包括常见问题解答(FAQ)页和 Windows Media Player 新闻组。

(5) Windows 媒体知识中心:包含展示 Windows Media 工具和技术的书籍、文章、视频和技术文档的全面集合。该知识中心是提供全部播放机信息的一站式信息中心。

二、实验内容

（1）如何使用 Windows 7 Media Player。

（2）如何不断地升级 Windows 7 Media Player。

（3）Windows Media Player 的升级下载网站和网页，如图 7-1 所示。

图 7-1　Windows Media Player 的升级网站主页

三、实验步骤

（1）在"开始"菜单下打开"所有程序"，选择"Windows Media Player"，如图 7-2 所示。

（2）单击，进入 Windows Media Player 窗口，如图 7-3 所示。在 Windows 7 安装后初次使用 Windows Media Player 时，会提示音乐媒体库中没有项目。

图 7-2　"开始"→"所有程序"　　　　**图 7-3　提示音乐媒体库中没有项目**

（3）按提示单击"组织"→"管理媒体库"→"音乐"，弹出"音乐库位置"对话框，如图 7-4 所示。

（4）单击"添加"按钮，加入音乐文件或音乐文件夹，如图 7-5 所示，这里加入 SOUND 文件夹。

图 7-4 "音乐库位置"对话框

图 7-5 添加"音乐"文件夹 SOUND

（5）选定 SOUND 文件夹后，单击"包括文件夹"按钮，如图 7-5 所示。

（6）SOUND 文件夹添加成功，结果如图 7-6 所示。

（7）SOUND 文件夹中歌曲项目被打开，现在可以建立播放列表，播放器在屏幕下方出现，如图 7-7 所示。

图 7-6 添加 SOUND 文件夹成功

图 7-7 歌曲项目被打开

（8）选定歌曲后单击屏幕下方播放器的播放按钮，开始播放歌曲，本案例是在播放周杰伦演唱的《青花瓷》，如图 7-8 所示。

图 7-8 播放周杰伦演唱的《青花瓷》

实验 2　Photoshop 文档的基本操作

一、实验目的

(1) 掌握 Photoshop 的启动与退出操作。

(2) 熟悉 Photoshop 的工作界面。

(3) 新建、打开和存储 Photoshop 文档。

(4) 掌握图像编辑的基本操作。

二、实验内容

1. 实验说明

Photoshop 被誉为目前最强大的图像处理软件之一,具有十分强大的图像处理功能。而且,Photoshop 具有广泛的兼容性,采用开放式结构,能够外挂其他的处理软件和图像输入输出设备;支持多种图像格式以及多种色彩模式;提供了强大的选取图像范围的功能;可以对图像进行色调和色彩的调整,使对色相、饱和度、亮度、对比度的调整成为举手之劳;提供了自由驰骋的绘画功能;完善了图层、通道和蒙版功能;强大的滤镜功能等。

在本实验中,我们将介绍 Photoshop 7.0 的常用操作和图像设计制作。我们首先要掌握有关 Photoshop 7.0 文档的基本操作,学会在不同的图像之间进行剪切、复制和粘贴,以及旋转和翻转图像,对图像或图层进行透视变形,通过撤消和恢复的功能还原操作失误的图像。此外,还学习使用填充和描边的功能来编辑图像。

2. Photoshop 的启动与退出

1) Photoshop 的启动

Photoshop 启动的常用方法有如下几种。

(1) 利用"开始"菜单启动。

单击 Windows 7 窗口底部任务栏上的"开始"按钮,进入"所有程序"菜单,打开 Photoshop,窗口如图 7-9 所示。

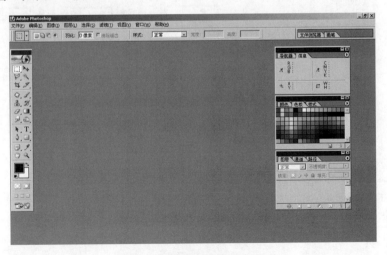

图 7-9　Photoshop 7.0 窗口

(2) 利用"我的电脑"或"资源管理器"窗口启动。

打开"我的电脑"或"资源管理器"窗口,逐层查找到"Adobe"文件夹,打开该文件夹,继续查找"Photoshop. exe"文件,当查找到该文件时,用鼠标左键双击它,则启动了 Photoshop。

（3）利用快捷方式启动。

如果在桌面上已经创建了 Photoshop 的快捷方式，则可用鼠标左键双击该快捷方式图标，启动 Photoshop。

（4）利用已有的 Photoshop 7.0 文档启动。

如果在计算机上已经存在被保存的 Photoshop 7.0 的文档，则可以通过打开这类 Photoshop 文档来自动启动 Photoshop。

2）Photoshop 的退出

（1）单击 Photoshop 窗口中的"文件"菜单，在弹出的下拉菜单中单击"退出"命令。

（2）单击 Photoshop 窗口中的标题栏右侧的关闭按钮，即 ✕ 图标。

（3）单击 Photoshop 窗口中的标题栏最左侧的系统控制菜单图标，在产生的下拉菜单中单击"关闭"命令，或者双击系统控制菜单图标，即可退出 Photoshop。

（4）直接按下组合键 Alt＋F4，可退出 Photoshop。

3. Photoshop 的工具箱

工具箱是 Photoshop 的强力武器，随着 Photoshop 版本的不断提高，工具箱的工具都有很大的调整。工具越来越多，操作越来越简洁，功能却不断提高。

工具箱中的各个工具的功能如图 7-10 所示。

工具图标右下角有一个黑三角形，表明这些工具后面还有一些隐藏工具。

选定某个工具后，在编辑窗口上方工具属性栏中将显示该工具的属性设置

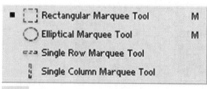

■ ⬚ Rectangular Marquee Tool	M	矩形选框工具
○ Elliptical Marquee Tool	M	椭圆选框工具
⋯ Single Row Marquee Tool		单行选框工具
⋮ Single Column Marquee Tool		单列选框工具

▶✛ 移动工具

图 7-10 工具箱的工具介绍

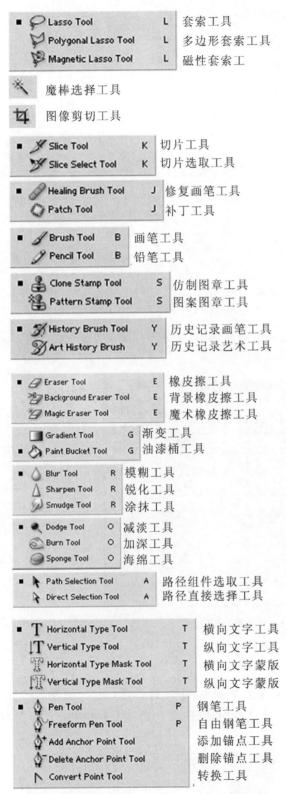

Lasso Tool　　　　　　　L　　套索工具
Polygonal Lasso Tool　　L　　多边形套索工具
Magnetic Lasso Tool　　L　　磁性套索工

魔棒选择工具

图像剪切工具

Slice Tool　　　　　　K　　切片工具
Slice Select Tool　　　　K　　切片选取工具

Healing Brush Tool　　J　　修复画笔工具
Patch Tool　　　　　　J　　补丁工具

Brush Tool　　　　　B　　画笔工具
Pencil Tool　　　　　B　　铅笔工具

Clone Stamp Tool　　　S　　仿制图章工具
Pattern Stamp Tool　　S　　图案图章工具

History Brush Tool　　Y　　历史记录画笔工具
Art History Brush　　Y　　历史记录艺术工具

Eraser Tool　　　　　　　　E　　橡皮擦工具
Background Eraser Tool　　E　　背景橡皮擦工具
Magic Eraser Tool　　　　　E　　魔术橡皮擦工具

Gradient Tool　　　　　G　　渐变工具
Paint Bucket Tool　　　G　　油漆桶工具

Blur Tool　　　　　　R　　模糊工具
Sharpen Tool　　　　R　　锐化工具
Smudge Tool　　　　R　　涂抹工具

Dodge Tool　　　　　O　　减淡工具
Burn Tool　　　　　　O　　加深工具
Sponge Tool　　　　　O　　海绵工具

Path Selection Tool　　　A　　路径组件选取工具
Direct Selection Tool　　A　　路径直接选择工具

Horizontal Type Tool　　　　T　　横向文字工具
Vertical Type Tool　　　　　T　　纵向文字工具
Horizontal Type Mask Tool　T　　横向文字蒙版
Vertical Type Mask Tool　　T　　纵向文字蒙版

Pen Tool　　　　　　　　　P　　钢笔工具
Freeform Pen Tool　　　　　P　　自由钢笔工具
Add Anchor Point Tool　　　　　添加锚点工具
Delete Anchor Point Tool　　　　删除锚点工具
Convert Point Tool　　　　　　　转换工具

续图 7-10

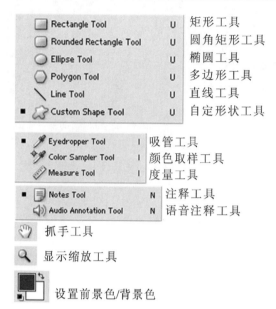

Rectangle Tool	U	矩形工具
Rounded Rectangle Tool	U	圆角矩形工具
Ellipse Tool	U	椭圆工具
Polygon Tool	U	多边形工具
Line Tool	U	直线工具
Custom Shape Tool	U	自定形状工具
Eyedropper Tool	I	吸管工具
Color Sampler Tool	I	颜色取样工具
Measure Tool	I	度量工具
Notes Tool	N	注释工具
Audio Annotation Tool	N	语音注释工具
抓手工具		
显示缩放工具		
设置前景色/背景色		

续图 7-10

4. 新建空白文档

要在 Photoshop 中新建文件,可以选择菜单栏中的"文件"→"新建"命令或者按 Ctrl+N 快捷键,出现"新建"对话框,如图 7-11 所示。

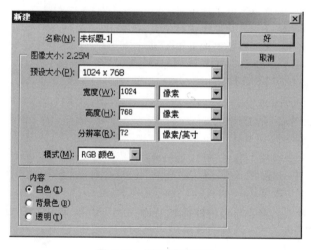

图 7-11 "新建"对话框

5. 打开 Photoshop 文档

1) 打开文档

如果需要按原有格式打开一个已经存在的 Photoshop 文件,可以选择"文件"→"打开"命令(对应的快捷键是 Ctrl+O),弹出打开文件对话框,文件名是目标文件,文件类型是 Photoshop 能打开的文件类型。

按住 Ctrl 键可以选定多个文件打开,按住 Shift 键可以选定多个连续文件打开。

2) 打开为

在 Photoshop 中,用户不仅可以按照原有格式打开一个图像文件,还可以按照其他格式打开该文件。选择"文件"→"打开为"命令(对应的快捷键是 Shift+Ctrl+O),指定需要的格式,并从中选择需要打开的文件名,然后单击"打开"按钮即可。

3) 最近打开文件

选择"文件"→"最近打开文件"命令,可以弹出最近打开过的文件列表,直接选取需要的文件名即可打开。

6. 文档的存储

1) 存储

保存文件时只要选择"文件"→"存储"命令(对应的快捷键是 Ctrl+S)即可。该命令将会把编辑过的文件以原路径、原文件名、原文件格式存入磁盘中,并覆盖原始的文件。用户在使用存储命令时要特别小心,否则可能会丢掉原文件。如果是第一次保存则弹出"存储为"对话框,只要给出文件名即可。

2) 存储为

选择"文件"→"存储为"命令(对应的快捷键是 Shift+Ctrl+S)即可打开如图 7-12 所示的对话框。在该对话框中,可以将修改过的文件重新命名、改变路径、改换格式,然后再保存,这样不会覆盖原始文件。

图 7-12 文档"存储为"对话框

7. 图像编辑的基本操作

1) 区域选择

下面以选框为例说明区域选择方法,其他工具使用方法类似。

矩形选框按钮为 ⬚,它可以用鼠标在图层上拉出矩形选框。椭圆选框按钮为 ◯,其选项栏与矩形选框大致相同。

先单击 ⬚,鼠标在画面上变为"+"字形,用鼠标在图像中拖动画出一个矩形,即为选中的区域。

单击矩形选框工具 ⬚ 时,会出现其选项栏。矩形选框工具的选项栏分为三部分:修改方式、羽化与消除锯齿和样式,如图 7-13 所示。

图 7-13   选框工具选项栏

（1）四种选区修改方式。

正常的选择■：去掉旧的区域，重新选择新的区域，这是缺省方式。

合并选择■：在旧的选择区域基础上，增加新的选择区域，形成最终的选择区。也可以按 Shift 键后，再用鼠标框出需要加入的区域。

减去选择■：在旧的选择区域中，减去新的选择区域与旧的选择区域相交的部分，形成最终的选择区。也可以按 Alt 键后，再用鼠标框出需要减去的区域。

相交选择■：新的选择区域与旧的选择区域相交的部分为最终的选择区域。

（2）羽化选择区域。

如果需要选择羽化的区域，需先设定羽化的数值，再选择区域。

羽化可以消除选择区域的正常硬边界并对其柔化，也就是使边界产生一个过渡段，其取值在 1～250 像素之间。

选框工具选项栏中的选区修改方式和羽化选择区域对于其他选择工具（如套索、魔棒等）也适用。

如果要编辑选择区域外的内容，必须先取消该区域的选取状态。取消选取区域只需要用任何一种选取工具单击选取区域以外的任何地方，或者点鼠标右键选择"取消选择"。

2）剪切、拷贝和粘贴

剪切、拷贝和粘贴等命令和其他 Windows 软件中的命令基本相同，它们的用法也基本一样。执行剪切、拷贝命令时，需要先选择操作区域。

执行"编辑"→"拷贝"命令或者按下 Ctrl＋C 组合键复制选择区域中的图像，执行拷贝命令后，Photoshop 会在不影响原图像的情况下，将复制的内容放到 Windows 的剪贴板中，用户可以多次粘贴使用，当重新执行拷贝命令或执行了剪切命令后，剪贴板中的内容才会被更新。

打开要向其粘贴的图像，然后执行"编辑"→"粘贴"命令或按下 Ctrl＋V 组合键粘贴剪贴板中的图像内容。

在 Photoshop 中进行剪切图像与复制一样简单，只需执行"编辑"→"剪切"命令或按 Ctrl＋X 组合键即可。但要注意，剪切是将选取范围内的图像剪切掉，并放入剪贴板中。所以，剪切区域内图像会消失，并填入背景色颜色。

在文档中粘贴图像以后，在图层面板中会自动出现一个新层，其名称会自动命名，并且粘贴后的图层会成为当前作用的层。

在"编辑"菜单中还提供了两个命令合并拷贝和粘贴入。这两个命令也是用于复制和粘贴的操作，但是它们不同于拷贝和粘贴命令，其功能如下。

合并拷贝：该命令用于复制图像中的所有层，即在不影响原图像的情况下，将选取范围内的所有层均复制并放入剪贴板中。否则，此命令不能使用。

粘贴入：使用该命令之前，必须先选取一个范围。当执行粘贴入命令后，粘贴的图像将只显示在选取范围之内。使用该命令经常能够得到一些意想不到的效果。执行"编辑"→"粘贴入"命令或按下 Ctrl＋Shift＋V 快捷键，可以看到粘贴图像后，同样会产生一个新层，并用遮蔽的方式将选取范围以外的区域盖住，但并非将该内容删除。

3）移动图像

图像中的内容,常常需要移动以调整位置。通常使用的移动图像的方法是用工具箱中的移动工具 ![移动工具] 进行移动。

首先,在工具箱中单击选中移动工具 ![移动工具] 并确保选中当前要移动的层,然后移动鼠标至图像窗口中,在要移动的物体上按下鼠标拖动即可。若移动的对象是层,则将该层设为作用层即可进行移动,而不需先选取范围;若移动的对象是图像中某一块区域,那么,必须在移动前先选取范围,然后再使用移动工具进行移动。

4）清除图像

清除图像时,必须先选取范围,指定清除的图像内容,然后执行"编辑"→"清除"命令或按下 Delete 键即可,删除后的图像会呈现下一图层图像,如果是背景层的内容被删除,则填入背景色颜色。

不管是剪切、复制、还是删除,都可以配合使用羽化的功能,先对选取范围进行羽化操作,然后进行剪切、复制或清除。

5）旋转和翻转图像

对局部的图像进行旋转和翻转,首先要选取一个范围,然后执行"编辑"→"变换"子菜单中的旋转和翻转命令。

对整个图像进行旋转和翻转主要通过"编辑"→"旋转画布"子菜单中的命令来完成。执行这些命令之前,用户不需要选取范围,直接就可以使用。

局部旋转、翻转图像与旋转、翻转整个图像不同,前者只对当前作用层有效。

6）图像变换

图像的变换操作包括缩放、旋转、斜切、扭曲、透视等 5 种不同的变形操作命令。

进行图像变换前,首先选择需要进行变化的区域,如果不做选择的话,则对整个图层的图像进行变换。然后执行"编辑"→"变换"子菜单中的命令就可以完成指定的变形操作。

7）撤消和恢复

和其他应用软件一样,Photoshop 也提供了"撤消"与"恢复"命令,但是 Photoshop 的"撤消"与"恢复"命令只能对前一次操作进行处理。对应"撤消"与"恢复"命令,在 Photoshop 的编辑菜单下对应为"还原"和"返回"。

如果需要撤消多次操作,则可以通过历史记录控制面板完成。

执行"窗口"→"历史记录"命令可显示历史记录面板,该面板由两部分组成,如图 7-14 所示,上半部分显示的是快照的内容,下半部分显示的是编辑图像的所有操作步骤,每个步骤都按操作的先后顺序从上到下排列。单击其中的某一步骤,图像则可以返回到该操作步骤之前的内容。

8）填充和描边

使用填充命令对选取范围进行填充,是制作图像的一种常用手法。该命令类似于油漆桶工具,可以在指定区域内填入选定的颜色,但与油漆桶工具有所不同,填充命令除了能填充颜色以外,还可以填充图案、快照等。

选取一个范围,然后执行"编辑"→"填充"命令打开"填充"对话框,如图 7-15 所示,设定好图案后,单击"好"按钮进行填充。

执行"编辑"→"描边"命令打开"描边"对话框,如图 7-16 所示,在此可对选择区域设置描边的宽度和颜色。

图 7-14　历史记录面板　　　图 7-15　"填充"对话框　　　图 7-16　"描边"对话框

实验 3　Photoshop 特效字的制作

一、实验目的

(1) 掌握海绵滤镜、底纹效果滤镜、云彩滤镜的使用方法。

(2) 熟悉图层样式的使用。

(3) 了解色彩调整的使用方法。

二、实验内容

1. 实验说明

Photoshop 的滤镜功能非常强大,可以使图像清晰化、柔化、扭曲、肌理化或者完全转变图像来创作或模拟各种特殊效果。

图层样式工具包含了许多特殊效果,可以自动应用到图层中,例如投影、发光、斜面和浮雕、描边、图案填充等效果。设定图层样式后,再编辑图层时,图层效果会自动更改,而且在该层中添加新的每一个图像实体,都会具有图层的这种效果。

Photoshop 中对图像色彩和色调的控制是图像编辑的关键,它直接关系到图像最后的效果,只有有效地控制图像的色彩和色调,才能制作出高品质的图像。Photoshop 提供了完善的色彩和色调的调整功能,这些功能主要存放在"图像"菜单的"调整"子菜单中,也可以使用图层面板下方的色彩调整图层工具,使用后者时,Photoshop 将对图像进行的色调和色彩的设定单独存放在调节层中,对图像色彩的调整不会破坏性地改变原始图像,增大修改弹性。

通过本实验,我们将掌握海绵滤镜、底纹效果滤镜、云彩滤镜的使用方法,并能够使用图层样式为图层的内容添加特殊效果,同时还将了解和学习色彩调整的使用方法。

2. 砖墙的制作

1) 新建文档

(1) 打开 Photoshop 程序,执行"文件"→"新建"命令,在弹出的"新建"对话框中,设定文档的宽度和高度分别为 640 像素和 480 像素,具体设置如图 7-17 所示。

(2) 在工具箱中,单击"设置前景色"按钮 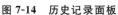,在弹出的对话框中将前景色设为 R=90、

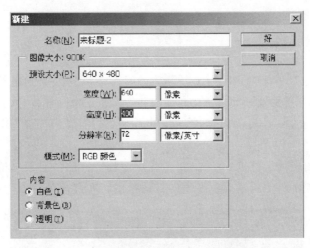

图 7-17　"新建"对话框中的参数设置

G＝45、B＝45；执行"编辑"→"填充"命令，在弹出的"填充"对话框中设置填充内容使用"前景色"，单击"好"按钮。

2）设置滤镜效果

（1）执行"滤镜"→"艺术效果"→"海绵"命令，具体参数设置如图 7-18 所示。

（2）执行"滤镜"→"艺术效果"→"底纹效果"命令，具体参数设置如图 7-19 所示。

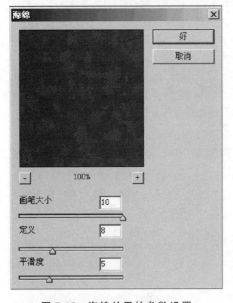 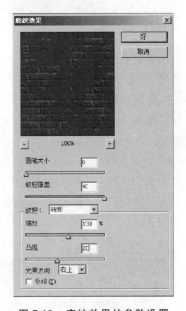

图 7-18　海绵效果的参数设置　　　　**图 7-19　底纹效果的参数设置**

（3）单击图层面板下方的新建图层按钮 ，新建一个图层。确认前景色 R＝90、G＝45、B＝45，背景色为白色。执行"滤镜"→"渲染"→"云彩"命令。

单击控制面板上方的设置图层混合模式的"正常"模式，在其弹出的菜单中选择"叠加"模式，以让砖墙显得较为斑驳。

3）设置色彩调整图层

单击"背景"图层，单击图层面板下方的"创建新的填充或调整图层"按钮 ，选择"亮度/对比度"，在其弹出的对话框中设定亮度为－50，对比度为－40，以营造黑夜砖墙质感。

3. 霓虹灯字的制作

1) 文字制作

(1) 将工具箱中的前景色设置为白色。在工具箱中选择文字工具 **T**,设置字体为 Arial Black,文字大小设为 120 点,在画面上输入文字"51BAR"字样,当然也可以输入其他文字。然后用移动工具 将其移到画面合适的位置,结果如图 7-20 所示。

(2) 按住键盘上的 Ctrl 键的同时,单击文字图层(这里是"51BAR"图层),以建立文字范围的选择区域。

(3) 确认文字图层处于被选择状态,单击图层面板上方的弹出菜单按钮 ,在其中选择"删除图层"命令,如图 7-21 所示。在弹出的对话框中,单击"好"按钮。

图 7-20　输入文字后的画面效果

再次单击图层面板上方的弹出菜单按钮 ,在其中选择"新图层"命令,在弹出的对话框中,单击"好"按钮。

(4) 执行菜单栏中的"选择"→"修改"→"平滑"命令,在弹出的对话框中,将平滑值设为5,单击"好"按钮。再次执行"选择"→"修改"→"平滑"命令,在弹出的对话框中直接单击"好"按钮。

(5) 将工具箱中的前景色设为白色,执行"编辑"→"填充"命令,在弹出的对话框中,确认填充内容为"前景色",单击"好"按钮确定。

(6) 执行"选择"→"修改"→"收缩"按钮,在弹出的对话框中,将收缩值设为 5 像素,单击"好"按钮。

单击键盘上的 Delete 键,将文字内部的白色删除,结果如图 7-22 所示。

图 7-21　"删除图层"命令

图 7-22　霓虹灯文字

执行"滤镜"→"模糊"→"高斯模糊"命令,在弹出的对话框中设置模糊值为 1.5,单击"好"按钮。

2) 霓虹灯字效果

确认"51BAR"图层被选择,单击图层面板下方的添加图层样式按钮 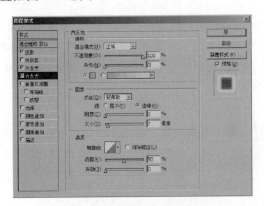,在弹出的菜单中选择"内发光",在弹出的"图层样式"对话框中,单击"杂色"下方的颜色块,接着在弹出的"拾色器"对话框中将 RGB 分别设为 170、255、180(浅绿色),"内发光"的其他参数设置如图 7-23 所示。

单击"图层样式"对话框左边的"外发光"选择项,然后单击右栏中的"杂色"下方的颜色块,在弹出的"拾色器"对话框中将 RGB 分别设为 10、255、50(绿色),"外发光"的其他参数设置如图 7-24 所示。

图 7-23　内发光参数设置

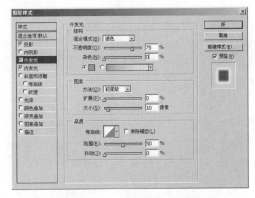

图 7-24　外发光参数设置

接着单击"图层样式"对话框左边的"投影"选择项,然后单击右栏中混合模式后面的颜色框,在弹出的"拾色器"对话框中将 RGB 分别设为 0、255、0(绿色),"投影"的其他参数设置如图 7-25 所示。

最后的霓虹灯字效果如图 7-26 所示。

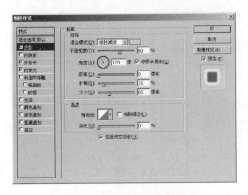

图 7-25　投影效果的参数设置

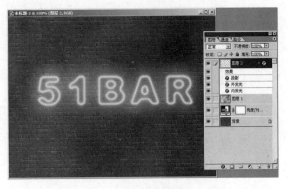

图 7-26　砖墙上的霓虹灯字效果

第8章 Access 2010

8.1 本章主要内容

本章介绍微软公司发布的一款面向对象、功能强大的关系数据库管理系统软件 Microsoft Office Access 2010。Access 2010 具有界面友好、功能强大、易学易用等优点，使数据库的管理、应用和开发工作变得更加简单和方便，同时也突出了数据共享、网络交流、安全可靠的特性。

8.2 习题解答

1. 单项选择题

(1) Access 2010 是(   )类型的软件。
   A. 应用　　　　B. 游戏　　　　　　C. 文本　　　　　　D. 数据库

　　　　　　　　　　　　　　　　　　　　　　　　　　　　　　　　　D

(2) Access 2010 数据库对象中不包括(   )。
   A. 表　　　　　B. 查询　　　　　　C. 网络　　　　　　D. 窗体

　　　　　　　　　　　　　　　　　　　　　　　　　　　　　　　　　C

(3) Access 2010 工作界面中不包括(   )。
   A. 命令窗口　　B. 标题栏　　　　　C. 选项卡　　　　　D. 功能区

　　　　　　　　　　　　　　　　　　　　　　　　　　　　　　　　　A

(4) DataBase 的含义是(   )。
   A. 抽象　　　　B. 数据　　　　　　C. 网络　　　　　　D. 数据库

　　　　　　　　　　　　　　　　　　　　　　　　　　　　　　　　　D

(5) 数据库表中的一整行称作(   )。
   A. 特征　　　　B. 标题　　　　　　C. 记录　　　　　　D. 功能

　　　　　　　　　　　　　　　　　　　　　　　　　　　　　　　　　C

(6) Access 2010 数据表是一张(   )。
   A. 字段　　　　B. 文本　　　　　　C. 二维表　　　　　D. 数据

　　　　　　　　　　　　　　　　　　　　　　　　　　　　　　　　　C

(7) Access 2010 数据表中一行称作(   )。
   A. 数据　　　　B. 类型　　　　　　C. 二维表　　　　　D. 记录

　　　　　　　　　　　　　　　　　　　　　　　　　　　　　　　　　D

(8) Access 2010 数据表提供的数据类型中不包括(   )。

　　A. 实验　　　　B. 文本　　　　　　C. 数字　　　　　　D. 货币

Ａ

（9）Access 2010 字段格式设置中@符号代表（　　　）。

　　A. 数字　　　　　　　　　　B. 字符或空格

　　C. 所有字符为小写　　　　　D. 货币

Ｂ

（10）Access 2010 中可通过（　　　）键复制记录。

　　A. Alt　　　　B. Shift　　　　　C. Tab　　　　　　D. Ctrl

Ｄ

2. 名词解释题

（1）数据：

数据是指用于描述事物的物理符号。

（2）数据库：

数据库是指存储于计算机内，按某种规则组织可共享的相关数据集合。

（3）表结构：

表结构是数据表的框架，主要包括字段名称、数据类型、字段属性。

3. 填空题

（1）Access 2010 数据库对象包括标题栏、_____、窗体、报表、宏和模块。

→选项卡

（2）Access 2010 是_____类型的数据库。

→关系

（3）Access 2010 数据表中一整列称作_____。

→字段

（4）Access 2010 数据库文件的扩展名是_____。

→. accdb

（5）Access 2010 数据表通过_____标识字段。

→字段名称

（6）Access 2010 数据表中对于大量重复的数值可以设置成_____。

→默认值

4. 简答题

（1）Access 2010 是什么软件？

Microsoft Office Access 2010 是微软公司发布的一款面向对象、功能强大的关系数据库管理系统软件，是 Microsoft Office 办公软件中的一部分。

（2）Access 2010 的启动方式有哪些？

双击桌面快捷方式"Microsoft Access 2010"；

在"开始"菜单中选择"所有程序"，选择"Microsoft Office"文件夹，单击"Microsoft Access 2010"；

在桌面空白处或资源管理器中单击右键，在快捷菜单中选择"新建"→"Microsoft Access 数据库"；

在资源管理器中双击任意的 Access 2010 数据库文件（∗. accdb）。

（3）Access 2010 的退出方式有哪些？

单击 Access 2010 窗口右侧的"关闭"按钮；

在菜单栏中选择"文件"→"退出"命令；

选择标题栏最左侧控制菜单中的"关闭"命令；

双击标题栏最左端的标题控制菜单图标；

右击标题栏任意位置，选择快捷菜单中的"关闭"命令；

按下快捷键 Alt＋F4。

（4）Access 2010 创建空数据库的步骤是什么？

启动 Access 2010，默认采用"空数据库"的创建方式；

在右侧的"文件名"文本框中输入数据库名，单击右侧的"浏览"按钮设置保存路径，单击"创建"按钮即可建立扩展名为".accdb"的空数据库。

（5）Access 2010 打开数据库的方式有哪些？

① 通过"打开"对话框。启动 Access 2010，单击"文件"选项卡中的"打开"按钮，在弹出的"打开"对话框中选择数据库文件的路径及文件名，单击"确定"按钮打开。

② 快速打开。启动 Access 2010，在左侧"最近所用文件"区域中选择数据库文件打开。

（6）Access 2010 数据表有哪些创建方式？

① 使用数据表视图创建表。

② 使用设计视图创建表。

③ 使用模板创建表。

8.3 实 验 指 导

实验 1　Access 2010 的启动/退出

一、实验目的

（1）掌握 Access 2010 的启动方法。

（2）掌握 Access 2010 的退出方法。

二、实验内容

1. 启动 Access 2010

从以下方式中任选一种启动 Access 2010：

（1）双击桌面快捷方式"Microsoft Access 2010"。

（2）在"开始"菜单中选择"所有程序"，选择"Microsoft Office"文件夹，单击"Microsoft Access 2010"。

（3）在桌面空白处或资源管理器中单击右键，在弹出的快捷菜单中选择"新建"→"Microsoft Access 数据库"。

（4）在资源管理器中双击任意的 Access 2010 数据库文件（＊.accdb）。

2. 退出 Access 2010

启动 Access 2010 后，从以下方式中任选一种进行关闭：

（1）单击 Access 2010 窗口右侧的"关闭"按钮 X 。

（2）在菜单栏中选择"文件"→"退出"命令。

（3）选择标题栏最左侧控制菜单 **A** 中的"关闭"命令。

（4）双击标题栏最左端的标题控制菜单图标 **A**。

（5）右击标题栏任意位置，选择快捷菜单中的"关闭"命令。

（6）按快捷键 Alt＋F4。

实验 2　Access 2010 基本操作（操作界面）

一、实验目的

（1）熟悉 Access 2010 的操作界面。

（2）掌握 Access 2010 的常用配置。

二、实验内容

（1）启动 Access 2010 之后，单击左侧"选项"按钮，弹出"Access 选项"对话框，在左侧列表中选择"常规"选项卡。

（2）单击"默认数据库文件夹"右侧的"浏览"按钮，设置 Access 2010 数据库文件默认的保存位置，如图 8-1 所示。

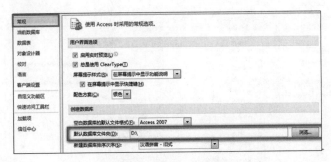

图 8-1　"常规"选项卡

（3）单击左侧列表中的"自定义功能区"按钮，在右侧"自定义功能区"中单击"新建选项卡"按钮，选择"新建选项卡"后单击下方"重命名"按钮，将选项卡名称修改成"常用"，按同样方法将"新建组"的名字修改成"文件常用"，如图 8-2 所示。

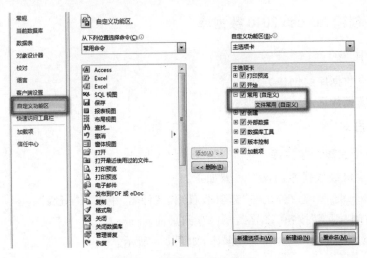

图 8-2　添加自定义功能区

（4）选择"文件常用"组，在左侧"常用命令"列表中选择"打开"命令，单击右侧的"添加"按钮，将打开功能添加至新建组中，按同样方法添加"保存"功能，如图 8-3 所示。

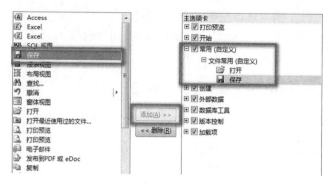

图 8-3　添加命令

（5）在左侧列表中选择"快速访问工具栏"，在"常用命令"列表中选择"查找"命令，单击"添加"按钮，添加至"自定义快速访问工具栏"中，按同样方法添加格式刷功能，如图 8-4 所示。

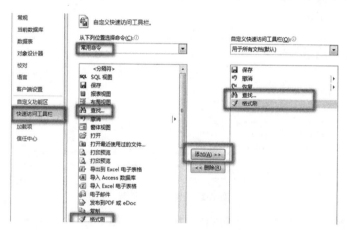

图 8-4　自定义快速访问工具栏

（6）单击"Access 选项"对话框的"确定"按钮，保存设置。

实验 3　创建 Access 2010 数据库

一、实验目的
（1）掌握空数据库的创建方法。
（2）掌握模板数据库的创建方法。

二、实验内容

1. 创建一个空班级数据库
创建一个空班级数据库的操作步骤如下：
① 启动 Access 2010，在"文件"选项卡右侧"文件名"中输入"班级"。
② 单击右侧"浏览"按钮，将数据库保存到桌面。
③ 单击"创建"按钮，建立班级数据库，如图 8-5 所示。

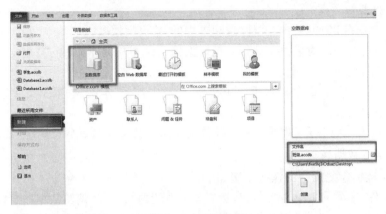

图 8-5　建立班级数据库

2. 创建一个学生模板数据库

创建一个学生模板数据库的操作步骤如下：

① 启动 Access 2010，在"可用模板"区域中单击"样本模板"按钮。

② 单击"学生"模板按钮，在文件名中输入数据库名"学生"，单击"浏览"按钮，将数据库保存到桌面，单击"创建"按钮建立学生数据库，如图 8-6 所示。

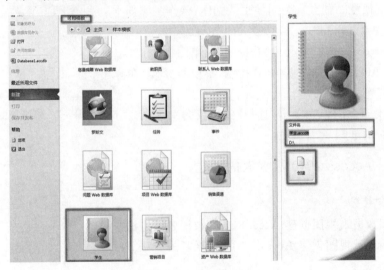

图 8-6　建立学生数据库

实验 4　Access 2010 数据库的管理操作

一、实验目的

(1) 掌握 Access 2010 数据库打开、关闭的方法。

(2) 掌握 Access 2010 数据库保存的方法。

(3) 了解修改 Access 2010 数据库属性的方法。

二、实验内容

1. 打开学生数据库

打开学生数据库的操作步骤如下：

方式一:打开对话框

① 启动 Access 2010,单击"文件"选项卡中的"打开"按钮。

② 在弹出的"打开"对话框中选择数据库文件的路径及文件名,单击"确定"按钮打开。

方式二:快速打开

启动 Access 2010,在左侧"最近所用文件"区域中选择"学生"数据库文件并打开。

方式三:快捷键

按下 Ctrl+O,在"打开"对话框中选择数据库路径及文件名,单击"确定"按钮。

2. 修改学生数据库

修改学生数据库的属性的操作步骤如下:

① 在"文件"选项卡中单击"信息",然后单击右侧的"查看和编辑数据库属性"。

② 在"学生.accdb 属性"对话框中,将主题修改成"学生基本信息",关键词修改成"学生信息",如图 8-7 所示。

3. 保存学生数据库

新建数据库后或打开并修改数据库后,单击快速启动栏中的 ![save]按钮,或在"文件"选项卡中单击"保存"命令。

4. 关闭学生数据库

使用以下任意一种方式关闭学生数据库,操作步骤如下:

① 单击 Access 窗口右上角的"关闭"按钮 ![X]。

② 双击 Access 窗口左上角的"控制"菜单图标![A]。

③ 单击 Access 窗口左上角的"控制"菜单图标![A],在弹出的列表中选择"关闭"命令。

④ 单击打开"文件"选项卡,选择"关闭数据库"命令。

⑤ 按下 Alt+F4 组合键。

图 8-7　修改学生数据库属性

实验 5　Access 2010 数据表的创建

一、实验目的

(1) 掌握数据表视图创建 Access 2010 数据表的方法。

(2) 掌握设计视图创建 Access 2010 数据表的方法。

二、实验内容

1. 创建学生信息表

创建学生信息表,表结构如表 8-1 所示,操作步骤如下:

表 8-1　学生表

字 段 名 称	数 据 类 型	字 段 大 小	字 段 名 称	数 据 类 型	字 段 大 小
学号	文本	6	年龄	数字	整型
姓名	文本	5	电话	文本	13
班级编号	文本	5	出生年月	日期/时间	短日期

(1) 启动 Access 2010,通过"文件"选项卡"打开"命令打开"学生"数据库。

(2) 在"创建"选项卡中单击"表"按钮,将创建一个名为"表 1"的新表,并在"数据表"视图中打开它,如图 8-8 所示。

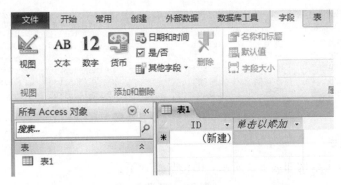

图 8-8　数据表视图

（3）选择 ID 字段列，在"字段"选项卡中单击"数据类型"右侧的下拉按钮，选择"文本"数据类型，如图 8-9 所示。

图 8-9　字段数据类型

（4）单击"字段"选项卡中的"名称和标题"按钮，在"输入字段属性"对话框中的"名称"文本框中输入字段名"学号"，如图 8-10 所示。

（5）在"字段"选项卡的"字段大小"文本框中，将学号字段大小修改成 6，如图 8-11 所示。

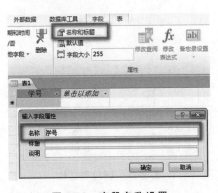

图 8-10　字段名称设置

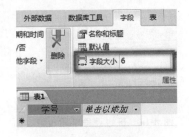

图 8-11　修改字段大小

（6）按相同步骤创建"姓名""班级编号""年龄""电话""出生年月"字段，如图 8-12 所示。

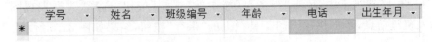

图 8-12　学生信息表结构

（7）在快速访问工具栏中单击"保存"按钮，弹出"另存为"对话框，在表"名称"文本框中输入"学生信息"，单击"确定"按钮。

（8）在下方数据区域中输入学生的信息数据，单击快速访问工具栏上的"保存"按钮，结果如图 8-13 所示。

学号	姓名	班级编号	年龄	电话	出生年月
201801	赵昊	se1801	18	18956334568	2000/2/1
201802	钱伟强	se1801	20	17786894235	1998/6/1
201803	孙朝辉	se1802	18	18679423546	2000/6/8
201804	李智鹏	se1802	21	13578964135	1997/8/1
201805	周伟	se1802	19	15974561357	1999/6/5

图 8-13　学生信息数据

2. 创建班级表

创建班级表,表结构如表 8-2 所示,操作步骤如下:

表 8-2　班级表

字 段 名 称	数 据 类 型	字 段 大 小
班级编号	文本	6
班级名称	文本	10
班级人数	数字	长整型

(1) 启动 Access 2010,通过"文件"选项卡"打开"命令打开"学生"数据库。

(2) 单击"创建"选项卡中的"表设计"按钮,打开表设计视图窗口。

(3) 单击"字段名称"列,在文本框中输入"班级编号",单击"数据类型"文本框,选择"文本"类型。

(4) 在设计器下方"常规"区域的"字段大小"中设置大小为 6,如图 8-14 所示。

(5) 按相同步骤,添加"班级名称""班级人数"字段,如图 8-15 所示。

图 8-14　班级编号字段设置

图 8-15　班级表结构

(6) 单击快速访问工具栏上的"保存"按钮,在"另存为"对话框中输入"班级",单击"确定"按钮。

(7) 在"设计"选项卡中,单击"视图"区域中的"视图"按钮,选择"数据表视图",在数据区域中输入班级信息,单击快速访问工具栏上的"保存"按钮,结果如图 8-16 所示。

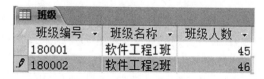

图 8-16　创建班级表数据

实验 6　Access 2010 数据表属性的设置

一、实验目的

（1）掌握数据表字段格式、输入掩码、默认值的设置。

（2）掌握数据表字段有效性、删除字段、复制字段的设置。

二、实验内容

修改学生信息表，表结构如表 8-3 所示，操作步骤如下：

表 8-3　学生表

字 段 名 称	数 据 类 型	字 段 大 小	字 段 名 称	数 据 类 型	字 段 大 小
学号	文本	6	年龄	数字	整型
姓名	文本	5	电话	文本	13
班级编号	文本	5	性别	文本	3

（1）启动 Access 2010，通过"文件"选项卡"打开"命令打开"学生"数据库。

（2）在"表"区域中双击"学生信息"表，进入"数据表视图"。

（3）单击"视图"按钮，选择"设计视图"。

（4）单击"班级编号"字段左边的行选定器，在"常规"列表区的"格式"中输入">@@－@@@@"，如图 8-17 所示，用同样方法将"学号"字段的格式设置成"@@@@－@@"，将"电话"字段的格式设置成"@@@－@@@@@@@@"。

（5）单击"电话"字段左边的行选定器，在"常规"列表区的"输入掩码"中输入"00000000000"，如图 8-18 所示，按同样方法将年龄的"输入掩码"设置为"000"。

图 8-17　格式设置

图 8-18　输入掩码设置

（6）单击"出生年月"字段左边的行选定器，右键单击字段所在行，在弹出的快捷菜单中选择"删除行"，如图 8-19 所示，在弹出的 Microsoft Access 提示对话框中单击"是"。

（7）单击"姓名"字段左边的行选定器，右键单击字段所在行，在弹出的快捷菜单中选择"复制"，在"电话"字段下方空白行中单击右键，在弹出的快捷菜单中选择"粘贴"命令，修改字段名称为"性别"，并将"常规"区域的"字段大小"中的字段设置成 3，如图 8-20 所示。

图 8-19　选择"删除行"　　　　图 8-20　复制字段

(8)单击"性别"字段,在"常规"列表区中的"默认值"中输入"男",如图 8-21 所示。按同样方法将"年龄"字段的默认值设置成"20"。

(9)单击"性别"字段左边的行选定器,在"常规"列表区中的"有效性规则"中输入"'男'Or'女'",在"有效性文本"中输入"性别只能输入男或女",如图 8-22 所示。

图 8-21　默认值设置　　　　图 8-22　有效性规则设置

(10)最终学生信息表中的记录如图 8-23 所示。

学号	姓名	班级编号	年龄	电话	性别
2018-01	赵昊	SE-1801	18	189-5633456	男
2018-02	刘琳	SE-1801	20	177-8689423	女
2018-03	孙朝辉	SE-1802	18	186-7942354	男
2018-04	孙艳	SE-1802	21	135-7896413	女
2018-05	周伟	SE-1802	19	159-7456135	男

图 8-23　学生信息表